水利工程技术与审查创新研究

张 慧 王连勇 龙 辉◎著

中国出版集团 现代出版社

图书在版编目（CIP）数据

水利工程技术与审查创新研究 / 张慧，王连勇，龙辉著. -- 北京 : 现代出版社，2021.8
ISBN 978-7-5143-9414-6

Ⅰ. ①水… Ⅱ. ①张… ②王… ③龙… Ⅲ. ①水利工程管理－技术管理－研究 Ⅳ. ①TV5

中国版本图书馆CIP数据核字(2021)第180547号

水利工程技术与审查创新研究

作　　者	张　慧　王连勇　龙　辉
责任编辑	徐　芬
封面设计	白白古拉其
出版发行	现代出版社
地　　址	北京市朝阳区安外安华里504号
邮　　编	100011
电　　话	010-64267325　64245264(传真)
网　　址	www.1980xd.com
电子邮箱	xiandai@ cnpitc.com.cn
印　　刷	北京四海锦诚印刷技术有限公司
版　　次	2023年3月第1版　2023年3月第1次印刷
开　　本	185 mm×260 mm 1/16
印　　张	10.375
字　　数	215千字
书　　号	ISBN 978-7-5143-9414-6
定　　价	48.00元

前 言

当前世界多数国家出现人口增长过快，可利用水资源不足，城镇供水紧张，能源短缺，生态环境恶化等重大问题，都与水有密切联系。水利工程原是土木工程的一个分支。由于水利工程本身的发展，逐渐具有自己的特点，以及在国民经济中的地位日益重要，已成为一门相对独立的技术学科，但仍和土木工程的许多分支保持着密切的联系。

水利建设关乎国计民生，水利工程建设是很重要的基础建设。以已经建成的三峡水利枢纽为世界水利建设水平的标志，我国水利工程建设取得了巨大的成就。我国水利工程建设正处在高潮，规模之大，矛盾之多，技术之难，举世瞩目；经济可持续发展与生态环境保护的责任，任重道远；人与社会与自然的和谐共处，需要大家共同努力去创建。基于此，笔者结合自己多年的教学成果和科研成果撰写了《水利工程技术与审查创新研究》一书，希望本书的出版为我国水利工程技术的进步和审查的创新贡献一份力量。

全书共 7 章，以水利工程建设及其项目管理理论为切入点，重点探讨水利工程施工技术、水利工程施工组织管理及质量控制、水利工程水土保持设计与审查创新、水利工程节能设计与审查创新、水利工程环保设计与社会稳定风险评估分析、水利工程招标控制价管理与竣工结算审查创新等相关内容。结构严谨，内容丰富，读者通过本书可以更深层次地掌握水利工程施工技术的要点，了解水利工程审查的方法。

本书在撰写过程中参考和引用了论文、专著和其他资料，在此谨向这些文献的作者表示衷心的感谢。对所有关心、支持本书撰写的人员，在此一并表示衷心的感谢!

由于时间仓促，撰者水平有限，缺点和错误在所难免，恳请广大读者批评指正。

2021 年 5 月

目录

第一章　水利工程建设与项目管理初探 1

第一节　水利工程建设及其项目管理概述 1

第二节　水利工程建设的常规程序 12

第三节　水利工程管理模式及其理论依据 16

第二章　水利工程施工技术解读 29

第一节　水利工程施工导流与降排水施工技术 29

第二节　水利工程土石方工程施工技术 39

第三节　水利模板与混凝土工程施工技术 41

第四节　水利爆破与砌筑工程施工技术 47

第三章　水利工程施工组织管理及质量控制 56

第一节　水利工程施工组织设计 56

第二节　水利工程项目组织管理 63

第三节　水利工程施工质量控制与统计 78

第四节　水利工程施工安全控制 87

第四章　水利工程水土保持设计与审查创新 91

第一节　水利工程水土保持设计探析 91

第二节　水利工程水土保持设计技术审查探析 117

第五章　水利工程节能设计与审查创新 130

第一节　水利工程节能设计探析 130

第二节　水利工程节能设计技术审查探析 132

第六章　水利工程环保设计与社会稳定风险评估分析 136

第一节　水利工程环境保护设计 136

第二节　水利工程社会稳定风险评估分析探析 140

第七章　水利工程招标控制价管理与竣工结算审查创新 143

第一节　小型水利工程设计估算审查探析 143

第二节　水利工程招标控制价管理现状及其审查方法 149

第三节　水利工程造价预算审查质量提升方式分析 151

第四节　水利工程竣工结算审查及其审查意见编制 153

参考文献 159

目录

参考文献……159

第一章

水利工程建设与项目管理初探

水利工程通过调配地下水和地表水，从而达到除害兴利的目的，对社会的经济发展和人们的人身安全等都有着重要的意义。因此，加快水利工程建设，提高水利专业人员职业素质对保护国家安全和财产有着极其重要的意义。本章围绕水利工程建设及其项目管理、水利工程建设的常规程序、水利工程管理模式及其理论依据展开论述。

第一节 水利工程建设及其项目管理概述

一、水利工程建设

（一）水利工程的类别划分

水利工程是用于控制和调配自然界的地表水和地下水，达到除害兴利目的而修建的工程，也称水工程，包括防洪、排涝、灌溉、水力发电、引（供）水、滩涂治理、水土保持、水资源保护等各类工程。水是人类生产和生活必不可少的宝贵资源，但其自然存在的状态并不完全符合人类的需要。只有修建水利工程，才能控制水流，防止洪涝灾害，并进行水量的调节和分配，以满足人民生活和生产对水资源的需要。水利工程主要服务于防洪、排水、灌溉、发电、水运、水产、工业用水、生活用水和改善环境等方面[1]。

1. 按照工程功能或服务对象划分

（1）防洪工程：防止洪水灾害的防洪工程。

（2）农业生产水利工程：为农业、渔业服务的水利工程总称，具体包括：①农田

1 李京文．水利工程管理发展战略 [M]. 北京：方志出版社，2016.

水利工程——防止旱、涝、渍灾，为农业生产服务的农田水利工程（或称灌溉和排水工程）。②渔业水利工程——保护和增进渔业生产的渔业水利工程。③海涂围垦工程——围海造田，满足工农业生产或交通运输需要的海涂围垦工程等。

（3）水力发电工程：将水能转化为电能的水力发电工程。

（4）航道和港口工程：改善和创建航运条件的航道和港口工程。

（5）供（排）水工程：为工业和生活用水服务，并处理和排除污水及雨水的城镇供水和排水工程。

（6）环境水利工程：防止水土流失和水质污染，维护生态平衡的水土保持工程和环境水利工程。

一项水利工程同时为防洪、灌溉、发电、航运等多种目标服务的，称为综合利用水利工程。

2. 按照水利工程投资主体划分

（1）中央政府投资的水利工程

这种投资也称国有工程项目。这样的水利工程一般都是跨地区、跨流域，建设周期长、投资数额巨大的水利工程。对社会和群众的影响范围广大而深远，在国民经济的投资中占有一定比重，其产生的社会效益和经济效益也非常明显。如黄河小浪底水利枢纽工程、长江三峡水利枢纽工程、南水北调工程等。

（2）地方政府投资兴建的水利工程

有一些水利工程属地方政府投资的，也属国有性质，仅限于小流域、小范围的中型水利工程，但其作用并不小，在当地发挥的作用相当大，不可忽视。也有一部分是国家投资兴建之后交给地方管理的项目，这也属于地方管辖的水利工程。如陆浑水库、尖岗水库等。

（3）集体兴建的水利工程

这是计划经济时期大集体兴建的项目，由于农村经济体制改革，又加上长年疏于管理，这些工程有的已经废弃，有的处于半废状态，只有一小部分还在发挥着作用。其实大大小小、星罗棋布的小型水利设施，仍在防洪抗旱方面发挥着不小的作用。例如，以前修的引黄干渠，农闲季节开挖的排水小河、水沟等。

（4）个体兴建的水利工程

这是在改革开放之后，特别是在20世纪90年代之后才出现的。这种工程虽然不大，但一经出现便表现出很强的生命力，既有防洪、灌溉功能，又有恢复生态的功能，还有旅游观光的功能，工程项目管理得也好，这正是局部地区应当提倡和兴建的水利工程。

3. 按照规模大小分类

（1）按水利部的管理规定划分

水利基本建设项目根据其规模和投资额分为大中型项目和小型项目。

大中型项目是指满足下列条件之一的项目：

1）堤防工程：一、二级堤防；

2）水库工程：总库容 1 亿 m^3 以上；

3）水电工程：电站总装机容量 5 万 kW 以上；

4）灌溉工程：灌溉面积 30 万亩以上；

5）供水工程：日供水 10 万 t 以上；

6）总投资在国家规定限额（3000 万元）以上的项目。

小型项目是指上述规模标准以下的项目。

（2）按照水利行业标准划分

按照《水利水电工程等级划分及洪水标准》（SL 252—2017）的规定，水库工程项目总库容在 0.1 亿 ~1 亿 m^3 的为中型水库，总库容大于 1 亿 m^3 的为大型水库；灌区工程项目灌溉面积在 5 万 ~50 万亩的为中型灌区，灌溉面积大于 50 万亩的为大型灌区；供水工程项目工程规模以供水对象的重要性分类；拦河闸工程项目过闸流量在 100~1000m^3 / s 的为中型项目，过闸流量大于 1000m^3 / s 的为大型项目。

（二）水利工程的特征分析

水利工程原是土木工程的一个分支，但随着水利工程本身的发展，逐渐具有自己的特点，在国民经济中的地位日益重要，其已成为一门相对独立的技术学科，具有以下几大特征。

第一，规模大，工程复杂。水利工程一般规模大，工程复杂，工期较长。工作中涉及天文地理等自然知识的积累和实施，其中又涉及各种水的推力、渗透力等专业知识与各地区的人文风情和传统。水利工程的建设时间很长，需要几年甚至更长的时间准备和筹划，人力物力的消耗也大。例如，丹江口水利枢纽工程、三峡工程等。

第二，综合性强，影响大。水利工程的建设会给当地居民带来很多好处，消除自然灾害。可是由于兴建会导致人与动物的迁徙，有一定的生态破坏，同时也要与其他各项水利有机组合，符合国民经济的政策。为了使损失和影响面缩小，就需要在工程规划设计阶段系统性、综合性地进行分析研究，从全局出发，统筹兼顾，达到经济和社会环境的最佳组合。

第三，效益具有随机性。每年的水文状况或其他外部条件的改变会导致整体的经济效益的变化。农田水利工程还与气象条件的变化有密切联系。

第四，对生态环境有很大影响。水利工程不仅对所在地区的经济和社会产生影响，而且对江河、湖泊以及附近地区的自然面貌、生态环境、自然景观都将产生不同程度的影响。甚至会改变当地的气候和动物的生存环境。这种影响有利有弊。

从正面影响来说，主要是有利于改善当地水文生态环境，修建水库可以将原来的陆地变为水体，增大水面面积，增加蒸发量，缓解局部地区在温度和湿度上的剧烈变化，在干旱和严寒地区尤为适用；可以调节流域局部小气候，主要表现在降雨、气温、风等方面。由于水利工程会改变水文和径流状态，因此会影响水质、水温和泥沙条件，从而改变地下水补给，提高地下水位，影响土地利用。

从负面影响来说，由于工程对自然环境进行改造，势必会产生一定的负面影响。以水库为例，兴建水库会直接改变水循环和径流情况。从国内外水库运行经验来看，蓄水后的消落区可能出现滞流缓流，从而形成岸边污染带；水库水位降落侵蚀，会导致水土流失严重，加剧地质灾害发生；周围生物链改变、物种变异，影响生态系统稳定。任何事情都有利有弊，关键在于如何最大限度地削弱负面影响。

随着技术的进步，水利工程的作用，不仅要满足日益增长的人民生活和工农业生产发展对水资源的需要，而且要更多地为保护和改善环境服务。

（三）水利工程建设流程

1. 前期设计工作

水利工程建设项目根据国家总体规划以及流域综合规划，开展前期工作。水利工程建设项目前期设计工作包括提出项目建议书、可行性研究报告和初步设计（或扩大初步设计）[1]。项目建议书和可行性研究报告由项目所属的行政主管部门组织编制，报上级政府主管部门审批。大中型及限额以上水利工程项目由水利部提出初审意见（水利部一般委托水利部水利水电规划设计总院或项目所属流域机构进行初审）报国家发展和改革委员会（以下简称国家发改委）（国家发改委一般委托中国工程投资咨询公司进行评估）审批。初步设计由项目法人委托具备相应资质的设计单位负责设计，报项目所属的行业主管部门审批。

（1）提出项目建议书阶段

项目建议书应根据国民经济和社会发展规划、流域综合规划、区域综合规划、专业规划，按照国家产业政策和国家有关建设投资方向，经过调查、预测，提出建设方案并经初步分析论证进行建议书的编制，是对拟进行建设项目的必要性和可能性提出的初步说明。水利工程的项目建议书一般由项目主管单位委托具有相应资质的工程咨询或设计单位编制。

堤防加高、加固工程，病险水库除险加固工程，拟列入国家基本建设投资年度计划的大型灌区改造工程，节水示范工程，水土保持、生态建设工程以及小型省际边界工程可简化立项程序，直接编制项目可行性研究报告申请立项。

报批程序为：大中型项目、中央项目、中央全部投资或参与投资的项目，由国家发改委审批；小型或限额以下工程项目，按隶属关系，由各主管部门或省、自治区、直辖市和计划单列市发展改革委员会审批。

（2）可行性研究报告阶段

根据批准的项目建议书，可行性研究报告应对项目进行方案比较，对技术是否可

1　王海雷，王力，李忠才．水利工程管理与施工技术 [M]. 北京：九州出版社，2018.

行和经济上是否合理进行充分的科学分析和论证。可行性研究是项目前期工作最重要的内容，它从项目建设和运行的全过程分析项目的可行性。其结论为投资者最终决策提供直接的依据。经过批准的可行性研究报告，是初步设计的重要依据。水利工程的可行性研究报告一般由项目主管部门委托具有相应资格的设计单位或咨询单位编制。可行性研究报告报批时，应将项目法人组建机构设置方案和经环境保护主管部门审批通过的项目环境影响评价报告同时上报。

对于总投资 2 亿元以下的病险水库除险加固，可直接编制初步设计报告。

可行性研究报告审批程序与项目建议书一致，可行性研究报告审批通过后，项目即立项。

（3）初步设计阶段

根据批准的可行性研究报告开展的初步设计是在满足设计要求的地质勘察工作及资料的基础上，对设计对象进行的通盘研究，进一步详细论证拟建项目工程方案在技术上的可行性和经济上的合理性，确定项目的各项基本参数，编制项目的总概算。其中，概算静态总投资原则上不得突破已批准的可行性研究报告估算的静态总投资。由于工程项目基本条件发生变化，引起工程规模、工程标准、设计方案、工程量的改变，其静态总投资超过可行性研究报告相应估算静态总投资 15% 以下时，要对工程变化内容和增加投资提出专题分析报告。超过 15% 以上时，必须重新编制可行性研究报告并按原程序报批。

初步设计报告按照《水利水电工程初步设计报告编制规程》编制，同时上报项目建设及建成投入使用后的管理机构的批复文件和管理维护经费承诺文件。经批准后的初步设计主要内容不得修改或变更，并作为项目建设实施的技术文件基础。在工程项目建设标准和概算投资范围内，依据批准的初步设计原则，一般非重大设计变更、生产性子项目之间的调整，由主管部门批准。在主要内容上有重要变动或修改（包括工程项目设计变更、子项目调整、概算调整）等，应按程序上报原批准机关复审同意。

2. 实施工作

（1）施工准备阶段

水利工程建设项目初步设计文件已批准，项目投资来源基本落实，可以进行主体工程招标设计、组织招标工作以及现场施工准备等工作。

施工准备阶段任务主要包括工程项目的招投标（监理招投标、施工招投标）、征地移民、施工临建和“四通一平”（通水、通电、通信、通路、场地平整）工作等。同时项目法人需向主管部门办理质量监督手续和开工报告等。

项目法人或建设单位向主管部门提出主体工程开工申请报告，按审批权限，经批准后，方能正式开工。

主体工程开工，必须具备五个条件：①前期工程各阶段文件已按规定批准。②建设项目已列入国家或地方的年度建议计划，年度建设资金已落实。③主体工程招标已经决标，工程承包合同已经签订，并得到主管部门同意。④现场施工准备和征地移民等建设外部条件能够满足主体工程开工需要。⑤施工详图设计可以满足初期主体工程施工需要。

（2）建设实施阶段

工程建设项目的主体工程开工报告经批准后，监理工程师应对承包人的施工准备情况进行检查，经检查确认能够满足主体工程开工的要求，总监理工程师即可签发主体工程开工令，这标志着工程正式开工，工程建设由施工准备阶段进入建设实施阶段。

项目建设单位要按批准的建设文件，充分发挥管理的主导作用，协调设计、监理、施工以及地方等各方面的关系，实行目标管理。建设单位应与设计、监理、工程承包等单位签订合同，各方应按照合同，严格履行。

第一，项目建设单位要建立严格的现场协调或调度制度。及时研究解决设计、施工的关键技术问题。从整体效益出发，认真履行合同，积极处理好工程建设各方的关系，为施工创造良好的外部条件。

第二，监理单位受项目建设单位委托，按合同规定，在现场从事组织、管理、协调、监督工作。同时，监理单位要站在独立公正的立场上，协调建设单位与施工等单位之间的关系。

第三，设计单位应按合同和施工计划及时提供施工详图，并确保设计质量。按工程规模，派出设计代表组进驻施工现场，解决施工中出现的与设计有关的问题。施工详图经监理单位审核后交承包人施工。设计单位应对施工过程中提出的合理化建议认真分析、研究并迅速回复，并及时修改设计，如不能采纳应予以说明原因，若有意见分歧，由建设单位组织设计、监理、施工有关各方共同分析研究，形成结论意见备案。如涉及初步设计重大变更问题，应由原初步设计批准部门审定。

第四，施工企业要切实加强管理，认真履行签订的承包合同。在每一子项目实施前，要将所编制的施工计划、技术措施及组织管理情况报项目建设单位或监理人审批。

3. 收尾工作

（1）生产准备阶段

生产准备是为保证工程竣工投产后能够有效发挥工程效益而进行的机构设置、管理制度制定、人员培训、技术准备、管理设施建设等工作。

近年来，由于国家积极推行项目法人责任制，项目的筹建、实施、运行管理全部由项目法人负责，项目法人在筹建、实施中就项目未来的运行管理等方面做出了规划和准备，建设管理人员基本都参与到未来项目的运行管理中，为项目的有效运行提前做好了准备。项目法人制的推行，使得项目建设与运行管理脱节问题得到了有效解决。

（2）工程验收阶段

水利工程验收是全面考核建设项目成果的主要程序，要严格按国家和水利部颁布的验收规程进行。

1）阶段验收。阶段验收是工程竣工验收的基础和重要内容，凡能独立发挥作用的单项工程均应进行阶段验收，如截流（包括分期导流）、下闸蓄水、机组起动、通水等，都是重要的阶段验收。

2）专项验收。专项验收是对服务于主体工程建设的专项工程进行的验收，包括征地移民专项验收、环境保护工程专项验收、水土保持工程专项验收和工程档案专项验收。专项验收的程序和要求按照水利行业有关部门的要求进行，专项工程不进行验收的项目，不得进行工程竣工验收。

3）工程竣工验收。工程竣工验收应注意：第一，工程基本竣工时，项目建设单位应按验收标准要求组织监理、设计、施工等单位提出有关报告，并按规定将施工过程中的有关资料、文件、图纸造册归档。第二，在正式竣工验收之前，应根据工程规模由主管部门或由主管部门委托项目建设单位组织初步验收，对初验查出的问题应在正式验收前解决。第三，质量监督机构要对工程质量提出评价意见。第四，验收主持部门根据初验情况和项目建设单位的申请验收报告，决定竣工验收具体有关事宜。

此外，国家重点水利建设项目由国家发展和改革委员会会同水利部主持验收。部属重点水利建设项目由水利部主持验收。部属其他水利建设项目由流域机构主持验收，水利部进行指导。中央参与投资的地方重点水利建设项目由省（自治区、直辖市）政府会同水利部或流域机构主持验收。地方水利建设项目由地方水利主管部门主持验收。其中，大型建设项目验收，水利部或流域机构派员参加；重要中型建设项目验收，流域机构派员参加。

（3）项目后评价阶段

水利工程项目后评价是水利工程基本建设程序中的一个重要阶段，是对项目的立项决策、设计施工、竣工生产、生产运营等全过程的工作及其变化的原因，进行全面系统的调查和客观的对比分析所做的综合评价。其目的是通过工程项目的后评价，总结经验，吸取教训，不断提高项目决策、工程实施和运营管理水平，为合理利用资金、提高投资效益、改进管理、制订相关政策等提供科学依据。

1）项目后评价组织。水利工程建设项目的后评价组织层次一般分为三个：项目法人的自我评价、本行业主管部门的评价和项目立项审批单位组织的评价。

2）项目后评价的依据。项目后评价的依据为项目各阶段的正式文件，主要包括项目建议书、可行性研究报告、初步设计报告、施工图设计及其审查意见、批复文件、概算调整报告、施工阶段重大问题的请示及批复、工程竣工报告、工程验收报告和审计后的工程竣工决算及主要图纸等。

3）后评价的方法。后评价的方法包括以下几个。

统计分析法：包括项目已经发生事实的总结，以及对项目未来发展的预测。因此，在后评价中，只有具有统计意义的数据才是可比的。后评价时点的统计数据是评价对比的基础，后评价时点的数据是对比的对象，后评价时点以后的数据是预测分析的依据。

根据这些数据，采用统计分析的方法，进行评价预测，然后得出结论。

有无对比法：后评价方法的一条基本原则是对比原则，包括前后对比，预测和实际发生值的对比，有无项目的对比法是通过对比找出变化和差距，为分析问题找出原因。

逻辑框架法：这是一种概念化论述项目的方法，即用一张简单的框图来分析一个复杂项目的内涵和关系，将几个内容相关、必须同步考虑的动态因素组合起来，通过分析其中的关系，从设计、策划、目的、目标等角度来评价一项活动或工作。它是事物的因果逻辑关系，即"如果"提供了某种条件，"那么"就会产生某种结果；这些条件包括事物内在的因素和事物所需要的外部因素。此方法为项目计划者或者评价者提供一种分析框架，用来确定工作的范围和任务，为达到目标进行逻辑关系的分析。

4）项目后评价成果。项目后评价报告是评价结果的汇总，应真实反映情况，客观分析问题，认真总结经验。同时后评价报告也是反馈经验教训的主要文件形式，必须满足信息反馈的需要。

后评价报告的编写要求：报告文字准确清晰，尽可能不用过分专业化的词汇，包括摘要、项目概况、评价内容、主要变化和问题、原因分析、经验教训、结论和建议、评价方法说明等。

后评价报告的内容：①项目背景，包括项目的目标和目的、建设内容、项目工期、资金来源与安排、后评价的任务要求以及方法和依据等。②项目实施评价，包括项目设计、合同情况，组织实施管理情况，投资和融资、项目进度情况。③效果评价，包括项目运营和管理评价、财务状况分析、财务和经济效益评价、环境和社会效果评价、项目的可持续发展状况。④结论和经验教训，包括项目的综合评价、结论、经验教训、建议对策等。

项目后评价报告格式：报告的基本格式包括报告的封面（包括编号、密级、后评价者名称、日期等）、封面内页（世行、亚行要求说明的汇率、英文缩写及其他需要说明的问题）、项目基础数据、地图、报告摘要、报告正文（包括项目背景、项目实施评价、效果评价、结论和经验教训）、附件（包括项目的自我评价报告、项目后评价专家组意见、其他附件）、附表（图）（包括项目主要效益指标对比表、项目财务现金流量表、项目经济效益费用流量表、企业效益指标有无对比表、项目后评价逻辑框架图、项目成功度综合评价表）。

二、工程项目管理

（一）工程项目管理的内涵

工程项目管理的内涵是自项目开始至项目完成，通过项目策划（Project Plan）和项目控制（Project Control），以使项目的费用目标、进度目标和质量目标得以实现。

由于项目管理的核心任务是项目的目标控制。因此，按项目管理学的基本理论，没有明确目标的建设工程不是项目管理的对象。在工程实践意义上，如果一个建设项目没有明确的投资目标、没有明确的进度目标和没有明确的质量目标，就没有必要进行管理，也无法进行定量的目标控制。工程项目管理过程中，由于各参与单位的工作性质、工作任务和利益不尽相同，因此，不同利益方的项目管理目标也不尽相同。

一个建设工程项目往往由许多参与单位承担不同的建设任务和管理任务（如勘察、土建设计、工艺设计、工程施工、设备安装、工程监理、建设物资供应、业主方管理、政府主管部门的管理和监督等），各参与单位的工作性质、工作任务和利益不尽相同，因此就形成了代表不同利益方的项目管理。由于业主方是建设工程项目实施过程（生产过程）的总集成者（即人力资源、物质资源和知识的集成），业主方也是建设工程项目生产过程的总组织者，因此对于一个建设工程项目而言，业主方的项目管理往往是该项目的项目管理的核心。

按建设工程项目不同参与方的工作性质和组织特征划分，项目管理有五种类型：①业主方的项目管理（如投资方和开发方的项目管理，或由工程管理咨询公司提供的代表业主方利益的项目管理服务）。②设计方的项目管理。③施工方的项目管理（施工总承包方、施工总承包管理方和分包方的项目管理）。④建设物资供货方的项目管理（材料和设备供应方的项目管理）。⑤建设项目总承包（或称建设项目工程总承包）方的项目管理，如设计和施工任务综合的承包，或设计、采购和施工任务综合的承包（简称 EPC 承包）的项目管理等。

（二）工程项目管理的目标和任务

1. 业主方的目标和任务

（1）目标

业主方项目管理服务于业主的利益，其项目管理的目标包括项目的投资目标、进度目标和质量目标。其中，投资目标指的是项目的总投资目标；进度目标指的是项目动用的时间目标，也即项目交付使用的时间目标，如工厂建成可以投入生产、道路建成可以通车、办公楼可以启用、旅馆可以开业的时间目标等；项目的质量目标不仅涉及施工的质量，还包括设计质量、材料质量、设备质量和影响项目运行或运营的环境质量等，质量目标包括满足相应的技术规范和技术标准的规定，以及满足业主方相应的质量要求。

项目的投资目标、进度目标和质量目标之间既有矛盾的一面，也有统一的一面，它们之间的关系是对立统一的关系。要加快进度往往需要增加投资，欲提高质量往往也需要增加投资，过度地缩短进度会影响质量目标的实现，这都表现了目标之间关系矛盾的一面；但通过有效的管理，在不增加投资的前提下，也可缩短工期和提高工程质量，这反映了目标之间关系统一的一面。

（2）任务

业主方的项目管理工作涉及项目实施阶段的全过程，即在设计前的准备阶段、设计阶段、施工阶段、动用前准备阶段和保修期分别进行以下工作，见表 1–1[1]。

表 1–1 业主方项目管理的任务

项 目	设计前的准备阶段	设计阶段	施工阶段	动用前准备阶段	保修期
安全管理					
投资控制					
进度控制					
质量控制					
合同管理					
信息管理					
组织和协调					

表 1–1 中有 7 行和 5 列，构成业主方 35 个分块项目管理任务，其中安全管理是项目管理中最重要的任务，因为安全管理关系到人身的健康与安全，而投资控制、进度控制、质量控制和合同管理等主要涉及物质的利益。

2. 设计方的目标和任务

（1）目标

设计方作为项目建设的一个参与方，其项目管理主要服务于项目的整体利益和设计方本身的利益。由于项目的投资目标能否得以实现与设计工作密切相关，因此，设计方项目管理的目标包括设计的成本目标、设计的进度目标和设计的质量目标以及项目的投资目标。

（2）任务

设计方的项目管理工作主要在设计阶段进行，但也涉及设计前的准备阶段、施工阶段、动用前准备阶段和保修期。设计方项目管理的任务包括以下内容：①与设计工作有关的安全管理。②设计成本控制和与设计工作有关的工程造价控制。③设计进度控制；④设计质量控制。⑤设计合同管理。⑥设计信息管理。⑦与设计工作有关的组织和协调。

3. 施工方的目标和任务

（1）目标

由于施工方是受业主方的委托承担工程建设任务，施工方必须树立服务观念，为项目建设服务，为业主提供建设服务。另外，合同也规定了施工方的任务和义务，因此施工方作为项目建设的一个重要参与方，其项目管理不仅应服务于施工方本身的利益，也必须服务于项目的整体利益。项目的整体利益和施工方本身的利益是对立统一关系，两者有其统一的一面，也有其矛盾的一面。

施工方项目管理的目标应符合合同的要求，它包括以下内容：①施工的安全管理目标。②施工的成本目标。③施工的进度目标。④施工的质量目标。

1 黄建文．水利水电工程项目管理 [M]. 北京：中国水利水电出版社，2016.

如果采用工程施工总承包或工程施工总承包管理模式，施工总承包方或施工总承包管理方必须按工程合同规定的工期目标和质量目标完成建设任务。而施工总承包方或施工总承包管理方的成本目标是由施工企业根据其生产和经营的情况自行确定的。分包方则必须按工程分包合同规定的工期目标和质量目标完成建设任务，分包方的成本目标是该施工企业内部自行确定的。

按国际工程的惯例，当采用指定分包商时，不论指定分包商与施工总承包方，或与施工总承包管理方，还是与业主方签订合同，由于指定分包商合同在签约前必须得到施工总承包方或施工总承包管理方的认可，因此，施工总承包方或施工总承包管理方应对合同规定的工期目标和质量目标负责。

（2）任务

施工方的任务有：①施工安全管理。②施工成本控制。③施工进度控制。④施工质量控制。⑤施工合同管理。⑥施工信息管理。⑦与施工有关的组织与协调。

施工方的项目管理工作主要在施工阶段进行，但由于设计阶段和施工阶段在时间上往往是交叉的。因此，施工方的项目管理工作也会涉及设计阶段。在动用前准备阶段和保修期施工合同尚未终止，在这期间，还有可能出现涉及工程安全、费用、质量、合同和信息等方面的问题，因此，施工方的项目管理也涉及动用前准备阶段和保修期。

4. 供货方的目标和任务

（1）目标

供货方作为项目建设的一个参与方，其项目管理主要服务于项目的整体利益和供货方本身的利益，其项目管理的目标包括供货方的成本目标、供货的进度目标和供货的质量目标。

（2）任务

供货方的项目管理工作主要在施工阶段进行，但它也涉及设计准备阶段、设计阶段、动用前准备阶段和保修期。

供货方项目管理的主要任务包括以下内容：①供货安全管理。②供货方的成本控制。③供货的进度控制。④供货的质量控制。⑤供货合同管理。⑥供货信息管理。⑦与供货有关的组织与协调。

5. 建设项目工程总承包方的目标和任务

（1）目标

由于项目总承包方（或称建设项目工程总承包方，也简称工程总承包方）是受业主方的委托而承担工程建设任务，项目总承包方必须树立服务观念，为项目建设服务，为业主提供建设服务。另外，合同也规定了项目总承包方的任务和义务，因此，项目总承包方作为项目建设的一个重要参与方，其项目管理主要服务于项目的整体利益和项目总承包方本身的利益，其项目管理的目标应符合合同的要求，包括以下内容：①工程建设的安全管理目标。②项目的总投资目标和项目总承包方的成本目标（前者是业主方的总投资目标，后者是项目总承包方本身的成本目标）。③项目总承包方的进度目标。④项目总承包方的质量目标。

项目总承包方项目管理工作涉及项目实施阶段的全过程，即设计前的准备阶段、设计阶段、施工阶段、动用前准备阶段和保修期。

（2）项目总承包方项目管理的任务

项目总承包方项目管理的任务有：①安全管理。②项目的总投资控制和项目总承包方的成本控制。③进度控制。④质量控制。⑤合同管理。⑥信息管理。⑦与项目总承包方有关的组织和协调等。

第二节　水利工程建设的常规程序

建设程序是指建设项目从决策、设计施工到竣工验收整个建设过程中各个阶段、各环节、各项工程之间存在和必须遵守的先后顺序与步骤，是工程建设活动客观规律（包括自然规律和经济规律）的反映，是保证工程质量和投资效果的基本要求，是水利水电工程建设项目管理的重要工作。受工程建设自身规律的制约，各个国家在工程建设程序上，根据其管理体制和政策法规的要求，虽有不同的特点，但总体上看，整个过程的重大环节的先后顺序和相互关系都是一致的。

根据我国基本建设实践，水利水电工程基本建设程序可以分为四大阶段八个环节[1]。

第一阶段是项目建设、项目决策投资阶段，它包括根据资源条件和国民经济长远发展规划，进行流域或河段规划，提出项目建议书；进行可行性研究和项目评估，编制可行性研究报告。

第二阶段是项目勘察及初步设计阶段。

第三阶段是项目建设施工阶段，它包括建设前期施工准备（包括招标设计）、全面建设施工和生产（投产）准备工作。

第四阶段是项目竣工验收和交付使用，生产运行一定时间后，对建设项目进行后评价。

一、水利水电工程建设的第一阶段

（一）流域规划，项目建议书

流域规划是在对该流域的自然地理、经济状况等进行全面、系统的调查研究后，根据流域内水资源条件和国家长远计划，提出流域水资源的水利水电工程建设梯级开

1　王海雷，王力，李忠才．水利工程管理与施工技术 [M]. 北京：九州出版社，2018.

发和综合利用的最优方案，包括初步确定流域内可能的建设位置、分析各个坝址的建设条件、拟订梯级布置方案、工程规模、工程效益，并进行多方案分析比较，选定合理梯级开发方案，并推荐近期开发的工程项目。

项目建议书是在流域规划的基础上，由建设单位向主管部门提出项目建设的轮廓设想，主要从宏观上分析项目建设的必要性、建设条件的可行性、获利的可能性。要从国家或地区的长远需要分析建设项目是否有必要，从当前的实际情况分析建设条件是否具备，从投入与产出的关系分析是否值得投入资金和人力。

项目建议书一般由政府委托有相应资质的设计或工程咨询单位进行编制，并按国家现行规定权限向水利主管部门申报审批。项目建议书被批准后，由政府向社会公布后，批准并列入国家建设计划；若有投资建设意向，则组建项目法人筹备机构，进行可行性研究工作。

（二）编制可行性研究报告

可行性研究是综合应用工程技术、经济学和管理学等学科基本理论对项目建设的各方案进行的技术、经济比较分析，论证项目建设的必要性、技术可行性和经济合理性等进行多方面全方位的论证。可行性研究报告是项目决策和初步设计的重要依据，一经批准后可作为初步设计的依据，不得随意修改和变更。可行性研究报告的内容一定要做到全面、科学、深入、可靠。

可行性研究报告，由项目法人组织相应资质的工程咨询或设计单位编写。申报项目可行性研究报告，必须同时提出项目法人组建方案及运行机制、资金筹措等方案、资金结构及回收资金的办法，并依照有关规定附具有管辖权的水行政主管部门或流域机构签署的规划同意书、对取水许可预申请的书面审查意见。

项目可行性报告批准后，应正式成立项目法人，并按项目法人责任制实行项目管理。

二、水利水电工程建设的第二阶段——初步设计

可行性研究报告批准后，项目法人应择优选择有相应资质的设计单位进行工程的勘测设计，并编制初步设计，进一步阐明拟建工程在技术上的可行性和经济上的合理性，将项目建设计划具体化，作为组织项目实施的依据。

初步设计的具体内容一般包括：确定项目中各建筑工程的等级、标准和规模；工程选址；确定工程总体布置、主要建筑物的组成结构和布置；确定电站或泵站的机组机型、装机容量和布置；选定对外交通方案、施工导流方式、施工总进度和施工总布置、主要建筑物施工方法及主要施工设备、资源需用量及其来源；确定水库淹没、工程占地范围、提出水库淹没处理、移民安置规划和投资概算；提出水土保持、环境保护措施设计，编制初步设计概算；复核经济评价等。

初步设计任务应择优选择有相应资质的设计单位承担，依照批准的可行性研究报

告和有关初步设计编制规定进行编制。初步设计完成后按国家现行规定权限向上级主管部门申报，主管部门组织专家进行审查，合格后即可审批。批准后的初步设计文件是项目建设实施的技术文件基础。

三、水利水电工程建设的第三阶段

（一）前期施工准备

项目在主体工程开工之前，必须完成各项准备工作，其主要工作内容包括：①落实施工用地的征用。②完成施工用水、电、通信、道路和场地平整等工程。③建设生产、生活必需的临时工程。④完成施工招投标工作，择优选定监理单位、施工单位和材料设备供应厂家。⑤进行技术设计，编制施工总概算和施工详图设计，编制设计预算。

施工准备工作开始前，项目法人或其代理机构，须依照有关规定，向政府主管部门办理报建手续，须同时交验工程建设项目有关批准文件。工程项目经过项目报建后，方可组织施工准备工作。

（二）全面建设施工

建设实施阶段是指主体工程的建设实施，项目法人按照批准的建设文件，组织工程建设，保证项目建设目标的实现。项目法人或其代理机构，必须按照审批权限，向主管部门提出主体工程开工申请报告，经批准后，主体工程方可正式开工。

主体工程开工需具备下列条件：①前期工程各阶段文件已按照规定批准，施工详图设计可以满足初期主体工程施工需要。②建设项目已列入国家或地方建设投资年度计划，年度建设资金已落实。③主体工程招标已决标，工程承包合同已签订，并得到主管部门同意。④现场施工准备和征地移民等建设外部条件能够满足主体工程开工需要。⑤建设管理模式已经确定，投资主体与项目主体的管理关系已经理顺。⑥项目建设所需全部投资来源已经明确，且投资结构合理。⑦项目产品的销售，已有用户承诺，并确定了定价原则。

施工阶段是工程实体形成的主要阶段，建设各方面都要围绕建设总目标的要求，为工程的顺利实施积极努力工作。项目法人要充分发挥建设管理的主导作用，为施工创造良好的建设条件；监理单位要在业主的委托授权范围之内，制订切实可行的监理规划，发挥自己在技术和管理方面的优势，独立负责项目的建设工期、质量、投资的控制和现场施工的组织协调，施工单位应严格遵守施工承包合同的要求，建立现场管理机构，合理组织技术力量，加强工序管理，执行施工质量保证制度，服从监理监督，力争工程按质量要求如期完成。

（三）生产（投产）准备工作

生产准备是项目投产前由建设单位进行的一项重要工作，是建设阶段转入生产经营的必要条件。项目法人应按照建管结合和项目法人责任制的要求，适时做好有关生产准备工作，确保项目建成后及时投产，及早发挥效能，主要包括以下几项内容。

（1）生产组织准备。建立生产经营的管理机构、配备生产人员、制定相应管理制度。

（2）招收和培训人员。按照生产运营的要求配备生产管理人员，需要通过多种形式的培训，提高人员素质，使之能满足正常的运营要求。有条件时，应组织生产管理人员尽早介入工程施工建设，参加设备的安装调试和工作验收，熟悉情况，掌握好生产技术和工艺流程，为顺利衔接基本建设和生产经营阶段做好准备。

（3）生产技术准备。主要包括技术资料的汇总、运行技术方案的制订、操作规程制定和新技术准备。

（4）生产的物质准备。主要落实投产运营所需要的原材料、协作产品、工器具、备品备件和其他协作配合条件的准备。

（5）正常的生活福利设施准备。

四、水利水电工程建设的第四阶段

（一）竣工验收

竣工验收是工程完成建设目标的标志，是全面考核基本建设成果、检验设计和工程质量的重要步骤，只有竣工验收合格的项目才能投入生产或使用。当建设项目的建设内容全部完成，并经过单位验收，符合设计要求，在完成竣工报告、竣工决算等必需文件的编制后，项目法人按照有关规定，可向验收主管部门提出申请，根据国家和部颁验收规程，组织验收。

竣工决算编制完成后，须由审计机关组织竣工审计，其审计报告作为竣工验收的基本资料。

验收的程序随工程规模的大小而有所不同，一般为两阶段验收，即初步验收和正式验收。工程规模较大、技术较复杂的建设项目可先进行初步验收，初验工作由监理单位会同设计、施工、质量监督、主管单位代表共同进行，初验的目的是帮助施工单位发现遗漏的质量问题，及时补救；待施工单位对初验的问题做出必要的处理后，再申请有关单位进行验收。验收合格的项目，办理工程正式移交手续，工程即从基本建设转入生产或使用。

（二）项目后评价

建设项目竣工投产并已生产运营 1—2 年后对项目所做的系统综合评价，即项目后评价。建设项目后评价工作必须遵循客观、公正、科学的原则，做到分析合理、评价公正。项目后评价工作一般按三个层次组织实施，即项目法人的自我评价、项目行业的评价、计划部门（或主要投资方）的评价。

项目后评价的目的是总结项目建设的成功经验，发现项目管理中存在的问题，及时吸取教训，不断提高项目决策水平和投资的效果，其主要内容包括：

（1）影响评价。项目投产后对各方面的影响所进行的评价。

（2）经济效益评价。对项目投资、国民经济效益、财务效益、技术进步和规模效益、可行性研究深度等方面进行的评价。

（3）过程评价。对项目立项、设计施工、建设管理、竣工投产、生产运营等全过程进行的评价。

以上所述基本建设程序的内容，既是国家对水利水电工程建设程序的基本要求，也基本反映了水利水电工程基本建设工作的全过程。

第三节 水利工程管理模式及其理论依据

一、水利水电工程管理的一般模式

（一）建设项目组织形式

从项目管理上讲，组织是为了使项目系统达到特定目标，使全体参加者经分工与协作，按照某种规则设置不同层次的权利和责任制度而构成的人的一种组合体；从项目建设活动上讲，组织是对项目的筹划、安排、协调、控制和检查等活动[1]。

工程项目组织是为完成特定的任务而建立起来的，从事工程项目具体工作的组织。项目管理人员一般是通过组织取得项目所需的资源，并通过行使项目组织的职能来管理这些资源，并实现项目的目标。该组织是在工程项目生命周期内临时组建的，是暂时的，当项目目标实现后，项目组织解散。

1. 项目组织的职能分析

项目组织的职能是项目管理的基本职能，项目组织的职能包括计划职能、组织职能、控制职能、指挥职能、协调职能等几个方面。

计划职能是指为实现项目的目标，对所要做的工作进行安排，并对资源进行配置。组织职能是指为实现项目的目标，建立必要的权力机构、组织层次，进行职能划分，

1 颜宏亮 . 水利工程施工 [M]. 西安：西安交通大学出版社，2015.

并规划职责范围和协作关系。控制职能是指采取一定的方法、手段使组织活动按照项目的目标和要求进行。指挥职能是指项目组织的上级对下级的领导、监督和激励。协调职能是指为实现项目目标，项目组织中各层次、各职能部门团结协作，步调一致地共同实现项目目标。

2. 项目组织的组织形式

通常项目组织的组织形式有职能式组织、项目式组织和矩阵式组织三种类型。

（1）职能式组织

职能式组织是在同一个组织单位里，把具有相同职业特点的专业人员组织在一起，为项目服务。职能式组织最突出的特点是专业分工强，其工作的注意力集中于部门。职能部门的技术人员的作用可以得到充分的发挥，同一部门的技术人员易于交流知识和经验，使得项目获得部门内所有知识和技术的支持，对创造性地解决项目的技术问题很有帮助；技术人员可以同时服务于多个项目；职能部门为保持项目的连续性发挥重要作用。但职能部门工作的注意力集中在本部门的利益上，项目的利益往往得不到优先考虑；项目团体中的职能部门往往只关心本部门的利益而忽略了项目的总目标，造成部门之间协调困难。

职能式项目组织中，对各参加部门，项目领导仅作为一个联络小组的领导，从事收集、处理和传递信息，而与项目相关的决策主要由企业领导做出，所以项目经理对项目目标不承担责任。

（2）项目式组织

项目式组织经常被称为直线式组织，在项目组织中所有人员都按项目要求划分，由项目经理管理一个特定的项目团体，在没有项目职能部门经理参与的情况下，项目经理可以全面地控制项目，并对项目目标负责。

项目式组织的项目经理对项目全权负责，享有最大限度的自主权，可以调配整个项目组织内外资源；项目目标单一，决策迅速，能够对用户的需求或上级的意图做出最快的响应；项目式组织机构简单，易于操作，在进度、质量、成本等方面控制也较为灵活。但项目式组织对项目经理的要求较高，需要具备各方面知识和技术的全能式人物；由于项目各阶段的工作中心不同，会使项目团队各个成员的工作闲忙不一，一方面影响组织成员的积极性，另一方面也造成人才的浪费；项目组织中各部门之间有比较明确的界限，不利于各部门的沟通。

（3）矩阵式组织

矩阵式组织可以克服上述两种形式的不足，它基本是职能式组织和项目式组织重叠而成。根据矩阵式组织中项目经理和职能部门经理权责的大小，矩阵式组织可分为弱矩阵式、强矩阵式和平衡矩阵式。

1）弱矩阵式组织。由一个项目经理来协调项目中的各项工作，项目成员在各职能部门经理的领导下为项目服务，项目经理无权分配职能部门的资源。

2）强矩阵式组织。项目经理主要负责项目，职能部门经理负责分配人员。项目经理对项目可以实施更有效的控制，但职能部门对项目经理的影响却在降低。强矩阵式组织类似于项目式组织，项目经理决定什么时候做什么，职能部门经理决定派哪些人，使用哪些技术。

3）平衡矩阵式组织。项目经理负责监督项目的执行，各职能部门对本部门的工作负责。项目经理负责项目的时间和成本，职能部门的经理负责项目的界定和质量。一般来说平衡矩阵很难维持，因为它主要取决于项目经理和职能部门经理的相对力度。平衡不好，要么变成弱矩阵，要么变成强矩阵。矩阵式组织中，许多员工同时属于两个部门——职能部门和项目部门，要同时对两个部门负责。

矩阵式组织建立与公司保持一致的规章制度，可以平衡组织中的资源需求以保证各个项目完成各自的进度、费用和质量要求，减少人员的冗余，职能部门的作用得到充分发挥。但组织中每个成员接受来自两个部门的领导，当两个领导的指令有分歧时，常会令人左右为难，无所适从；权利的均衡导致没有明确的负责者，使工作受到影响；项目经理与职能部门经理的职责不同，项目经理必须与部门经理进行资源、技术、进度、费用等方面的协调和权衡。

（二）水利水电工程建设的营建方式

工程建设的营建方式，又称建设施工方式，其方式主要是自营和承发包两大类[1]。中华人民共和国成立 70 多年来，水利水电工程建设基本上是采取自营方式。20 世纪 80 年代初，采用过投资包干方式，以鲁布格水电站引水隧道工程利用世界银行贷款为代表，开始了我国在大型水电建设中开展国际竞争性招标。随后其他利用世界银行贷款的工程，如二滩水电站、小浪底水电站等，也相继采用国际竞争性招标。

投资包干和招投标都属于承发包方式，但两者也有很大区别，当前我国的水利水电工程营建已经采用招投标方式。

1. 自营方式

自营方式是指由建设单位负责制并聘请技术、管理人员，招收工人，购置或租赁施工机械，采购材料，组织施工并完成施工任务的营建方式。

计划经济时期，我国水利水电工程建设一直采用自建自营方式，主要通过行政手段管理，建设项目由国家或上级主管部门直接下达。资金由国家财政拨款。建设单位临时指派，对运营及建设资金回收不负责任。设计和施工单位的利益、责任和追求目标不同，设计单位只对工程设计的技术水平和安全负责，追求最高技术水平和最大安全系数，对投资和工期考虑少。施工单位只对上级下达的施工任务负责，追求的是最短工期。结果造成建设项目投资一再突破，工期一拖再拖，工程质量低劣。

1　李京文．水利工程管理发展战略 [M]．北京：方志出版社，2016.

2. 投资包干方式

投资包干方式可用于中央投资、地方投资或中央与地方共同投资的大中型水电工程。这种方式通常是以批准概算为依据的，所以，又可以称为概算投资包干。采用这种方式时，首先要成立一个精干有力的建设单位，它是工程建设的总承包单位，直接向国家（业主）负责。建设单位既是经济实体，又具有一定的行政协调权力。作为甲方，它再将施工任务发包给选定的施工单位，双方同样要签订承发包合同。不过，对施工单位的选择多采取议标方式，而较少采取招投标方式。议标前，首先选择 1—2 个施工单位，这些施工单位要有承担工程施工的能力与专长，然后以议标方法正式确定施工单位和承包投资。对国家（业主）来说，以工程概算作为计划投资的控制数，确保不突破，而总承包的建设单位和施工单位共同向国家负责，共同分享概算结余和提前收益的利益。

要搞好概算投资包干，应具备一定的前提条件。首先，必须有正确合理的设计和概算作为包干的依据，必须有国家各部门的重点支持作后盾；其次，对建设单位和施工单位有较高的要求。

3. 招投标方式

招投标方式是以市场经济竞争体制为基础，甲方是发包单位，在国内称为建设单位，在国外称为业主；乙方是承包单位，在国内称作施工单位，在国外称作承包商。

建设工程招标可采用多种形式，如建设全过程招标（全面招标），勘探设计招标，材料、设备供应招标，工程施工招标等。以工程施工招标为例，又可以实行全部工程招标，单项或单位工程招标，分部工程招标，专业工程招标等形式。

招标的方式可根据需要而定，有公开招标方式、邀请招标或协商议标方式。招标方式的竞争性很强，国际上流行的 ICB 制（International Competitive Bidding）更是如此。利用外资和世界银行贷款的工程项目，按规定必须进行国际竞争性招标。

（三）水利水电工程建设管理模式

20 世纪 90 年代后期，我国水利水电工程建设管理模式开创了与国际接轨的新格局，确立了“项目法人负责制、招标投标制、建设监理制”的工程管理的三项基本制度，形成了以国家宏观监控为指导，项目法人制为核心，招投标制和建设监理制为服务体系的建设管理体制的基本格局。以项目法人为主体的工程招标发包体系，以设计、施工和材料设备供应单位为主体的招标承包体系，以建设监理单位为主体的技术服务体系，三者之间以经济为纽带，以合同为依据，相互监督、相互制约。

（1）项目法人负责制

项目法人的主要职责是负责组建现场管理机构；落实工程建设计划和资金；对工程质量、进度资金进行管理监察和监督；负责协调内外部关系。

（2）招标投标制

双方通过合同维持协作关系，通过招标投标，把建设单位和设计施工企业推向建设市场，进行公平交易，平等竞争，从而最大限度地降低工程投资风险，达到控制投资、确保质量、提高经济效益的目的；也可以使施工企业积极改进技术，加强管理，提高自身竞争力，实现自身经济效益；还有利于优化社会资源、培育技术力量，实现优胜劣汰。1998 年 8 月 30 日第九届全国人大通过了《中华人民共和国招标投标法》，正式确定招投标承包制为我国建设管理体系的一项基本制度。

（3）建设监理制

目前我国已经推行了建设监理制，以系统的机制、健全的组织机构、完善的技术经济手段和严格的规范化方法和工作程序，通过规划、控制、组织、协调，以促使工程项目总目标的费用目标、时间目标、质量目标得以最优的实现。建设监理的实质，就是建立包括经济、法律和行政手段在内的协调及约束机构，避免或解决在投资多元化、承包经营责任制和开放建设市场的新形势下，比较容易出现的随意性和利益纠纷，保证建设工作有秩序和卓有成效地进行。实行建设监理制度，用专业化监理班子组织建设，还可以提高管理水平，克服传统管理体制所带来的种种弊病。

二、水利工程项目的理论创新

（一）项目动态管理理论

1. 动态管理的界定

项目动态管理要求整个企业系统实现管理思想、管理人才、管理组织、管理方法、管理手段的现代化，以满足整个系统的高效运转，实现项目动态管理所期望的综合效益。

动态管理包括动态的管理思想，动态的资源配置和动态跟踪、动态调整等一系列管理控制方法。这一管理方法是采用灵活的机制，动态配置人、财、物、机优化组合，提高生产要素的配置效率进而降低项目成本。

2. 项目动态管理的运行模式

项目动态管理的运行模式是矩阵体制、动态管理、目标控制、节点考核。为了便于论述，下面以水利施工企业为例，对项目动态管理的运行模式进行较详细的说明。

（1）矩阵体制

矩阵体制是项目动态管理的组织模式，项目动态管理的矩阵体制主要由项目管理层的矩阵式组织和项目施工力量及信息传递反馈的矩阵式组织构成。

其一，在工程项目的管理上，根据项目的需要和特点，按矩阵结构建立项目经理部，设置综合性的具有弹性的科室，业务人员主要来自其他项目和公司职能部门，项目经理部实行项目经理负责制，实行专业负责人责任制和专职（系统）责任工程师技术负责制，在矩阵式的项目管理组织中既有职能系统的竖向联系，又有以项目为中心的横向联系。从纵向角度，公司专业部门负责人对所有项目的专业人员负有组织调配、业务指导和管理考察的责任；从横向角度，项目经理对参与本项目的各种专业人员均负有领导责任和年度考核奖惩责任，并按项目实施的要求把他们有效地组织协调到一起，为实现项目目标共同配合工作。

其二，在工程项目施工力量的组织上，按照一个项目由多个工程队承担，一个工程队同时作用于多个项目的原则，构成项目施工力量的矩阵式结构。项目经理部按项目任务的特点按工程切块，经过择优竞争，把切块任务发包给作业层若干工程队。承包项目任务的工程队根据在手任务的情况，抽调骨干力量，组建具有综合施工能力的作业分队，按项目网络计划和施工顺序确定陆续进点的时间，根据任务完成情况自行增减作业分队的力量，完成任务后自行撤离现场，进入其他项目。把刚性的企业人财物的配置在项目上变成弹性多变的施工组织，为项目的完成提供了灵活机动的施工力量，各进点的作业分队原来的隶属关系不变，原来的核算体制不变，进多少人、进什么工种、配备什么装备以及完成任务后的奖惩兑现等，完全由各施工单位根据承包的项目任务的要求，自行决定，自我约束，统筹安排，使人力物力等得到了充分的利用。

其三，信息传递与反馈的矩阵。为了适应项目动态管理的需要，必须按施工组织和施工力量的矩阵体制形式建立双轨双向运行的信息系统，即公司对项目经理部和工程队的双道信息指令；项目经理部和工程队对公司的双向信息反馈。这样，可以有效地避免单向信息反馈可能造成的偏差，使矩阵结构下的动态管理得以高效运转。

（2）动态管理

项目施工力量的动态配置就是将企业固定的施工力量用活，不把施工力量成建制地固定配置在某个项目上或固定地归属某一管理机构，而是组成独立的直属工程队，灵活机动地参与各项目的任务分包，利用各项目对生产要素需求的高低错落起伏，因地制宜地使用人、财、物、机等各种生产要素，并在各项目之间合理流动，优化组合，取得高效率。同时由于大中型施工企业利用经营管理上和技术进步上的优势，在市场激烈竞争中能够取得较多工程项目施工任务，全面应用动态管理思想和动态管理方法，合理地组织施工，就能获得较高的企业效益和社会效益。而充分利用各项目高峰的时间差，统筹安排，动态配置企业有限的人、财、物资源，使刚性的企业组织在动态中适应项目对资源的弹性需求，是一条主要途径。

管理人员的责任就是促成此项目的施工高峰为另一项目的低谷，避免各项目同时出现对某生产要素需求的高潮。这种动态管理思想和方法在经营决策层、项目管理层和施工作业层三个层次上都有体现，但职责不同[1]：第一，经营决策层必须协调所有在建项目和预测未来项目的施工力量配备。第二，施工作业层必须掌握在手项目对施工力量和时间需要的衔接安排，严格执行承包项目的二级网络计划，不断地优化劳动组合，以保证工程队力量与任务的动态平衡。第三，项目管理班子必须不断地优化内部组合，

1　张基尧．水利水电工程项目管理理论与实践 [M]. 北京：中国电力出版社，2008.

适应项目需要，同时要强化系统观念适应动态管理需要，不得扣留施工力量和各种管理力量。

为了使动态管理能够达到预期的目的，要求遵循两个原则。一是统筹的原则，即施工任务的需要和施工力量的安排都要按照整体的要求，统筹优化动态配置。二是控制的原则，即做到动而不乱，施工力量运筹动作和每个项目阶段力量的投入都要严格根据一、二、三级网络计划安排，在决策层的宏观指导下有序运行，达到平衡。如失去平衡，就要立即跟踪决策、动态调整力量的投入。

（3）目标控制

项目有着特定的目标系统，动态管理中，实行目标控制是项目经理部对项目总体目标从宏观到微观的控制方法，既是保证项目管理实现既定目标的可靠措施，也是把握各项工作，在动态平衡中稳步向前推进的保证。

首先，目标控制是项目动态管理重要的控制方法，它可以统一决策层、管理层、作业层的思想和行为，可以调动广大职工参与管理，发挥积极性、主动性、创造性，可以把各方面力量统一到以经济建设为中心，完成项目目标任务上来。

其次，实行全方位的目标控制，必须建立健全“四个系统”，即以项目为对象的经营责任系统、生产要素在项目上进行动态组合的生产指挥系统、以项目的目标管理为主线的全方位、多层次（包括计划、技术、设材、劳资、安全和质量等）控制系统。使项目动态管理逐步达到标准化、规范化。

最后，项目动态管理目标在纵向上，把总工期转化为总目标，根据总目标科学地划分为阶段目标，进而分解为战役目标，并通过网络计划技术分解为若干个节点目标。同时在横向上分为质量、工期、费用、安全四大目标体系，然后再按组织体制把所有目标值，按纵向到底、横向到边的原则，进行科学分解，使在现场的所有单位、部门乃至每个责任人每时每刻都有自己的奋斗目标，小目标的实现就接近大目标。

（4）节点考核

节点考核就是把网络计划的主要控制节点的形象进度和时间要求抽出来，作为节点目标和控制进程，组织节点竞赛并严格考核，使之成为网络计划实现途径和控制办法。节点是项目生产要素的融汇点，项目各生产要素组合是否合理、是否优化，形成的生产力是大是小，在节点考核中都能体现出来，节点考核也是项目经理部与作业层联系的纽带，是项目施工中现场党政工团力量的合力点。项目经理部通过节点考核来控制、协调各作业队，稳步实现项目目标。同时，节点又是细化了的项目目标，是目标控制的具体手段，是控制的核心。节点考核的透明度越大，激励作用就越强。

第一，节点考核要以不断优化技术方案，采用新工艺、新机具为后盾，其主要考核内容包括进度、安全、质量、文明施工等。考核的面包括施工单位、辅助生产单位、机关服务和后勤保障单位。

第二，按网络计划的形象和时间要求实行节点考核，可以协调现场动作，提高施工单位执行网络计划的自觉性，并通过目标和利益导向，广泛调动各方面的积极性，推动技术组织措施的落实，增强自主管理和改进生产要素组合的自觉性，保证节点的按期到达和项目总目标的最终实现。

第三，以矩阵体制为组织模式，以动态管理为管理原则，以目标控制和节点考核为激励导向的控制手段，构成了项目动态管理的基本模式。

项目动态管理实行分层管理的体制和动态管理的原则，项目管理层与作业层之间相对独立，各负其责。因此必须形成一定的约束机制和动力机制以及具备一些必要的条件，来保证项目动态管理的运行。

3. 项目动态管理机制解读

为保持论述的一致性，仍以施工企业为例来讨论项目动态管理机制。

（1）动力机制

管理层与作业层在项目上有着自己独立的利益，也有共同的目标和利益，因此，横向协调的职能明显加强。逐步削弱单纯行政管理比重，代之以经济手段为主的管理成为项目动态管理运行的重要形式，主要通过三个层次的纵向和横向相结合的经济承包责任制来实现。

一是公司建立完整的内部经济承包管理体系，以经营承包合同的形式明确公司与项目管理层之间的责权利关系。

二是在项目管理层与作业层之间以及作业层与辅助生产单位之间紧紧围绕工程项目，以承发包的方式明确各方的权利义务关系，作业层既可在项目上取得效益，并按照对项目经理部的承包合同，拿到由项目管理层支配的工期奖、质量奖、节点奖等；又可以因多完成任务，按对公司的经营承包合同从公司拿到超产值工资含量和利润含量，得到双重的激励。反之，要受到项目管理层与公司的双重经济处罚。因此，作业层各工程队一方面有了完成更多的符合要求的施工任务，按时完成工程的动力，同时也有了必须做好每个工程的约束。

三是在承包后的管理上，坚持在承包体系内部实行按定额考核工效，采用全额计件、实物量计件、超量计件、加权值计量等多种形式进行分配，克服平均主义，不搞以包代管，这样，公司、项目管理层、作业层三个层次之间采用承包责任制以合同的方式联系起来，形成一个以完成项目目标为主的有机整体。使以经济管理手段为主，行政手段为辅的经济调节关系成为项目动态管理运行机制的重要内容。

（2）民主管理机制

在项目动态管理中，由于一个工程队参与多个项目工程的施工，不可能同时配备多套管理班子，同时每个项目工程都实行目标控制，节点考核办法，激励引导职工摘取自己的目标，所以这个方法的本身就要求职工参与管理和自主管理，在客观上为职工提供了民主管理的环境和条件。同时，各作业分队是一个利益共同体。每个职工都感到干好干不好对自己影响很大，在主观上有关心管理，发表自己意见的愿望。

再加上各级职代会民主管理的作用，就形成了一个从上到下民主管理的系统，使职工感到干好干不好的关键掌握在自己手里。这样使职工中蕴藏的力量充分发挥了出来，实现了“五自”，即自主管理，自我完善方案，自我调整措施，自我控制质量、进度，自我创造适应环境和完成任务的条件，民主管理机制的形成，丰富了项目动态管理的内涵。

（3）后方保障机制

推行项目动态管理后，施工队伍需要进行频繁的大跨度的调动，精兵强将上前线成为项目动态管理的必然要求。项目动态管理是一个全企业的高效的管理方式，因此，建立一个有效的后方保障机制，用于安置不适合在项目动态管理第一线工作的职工，发挥他们的潜力和劳动热情，为企业继续做贡献是十分必要的。

施工企业的基地应大力发展多种经营和第三产业，使家务劳动社会化，提高职工的物质生活水平，使简单的手工劳动家庭化；把职工中闲散的劳动力和劳动时间集中起来，提高生产能力和职工收入；把各项文娱活动和文化设施办起来，改善职工的精神生活，把各项福利办好，使少有所育，老有所养，病有所医。

4. 项目动态管理与项目管理的关系思辨

就施工企业而言，项目动态管理是施工企业在项目施工管理实践中探索和创造的一种科学运行方式，其特征是企业通过有效的计划、组织、协调、控制，使有限的生产要素在项目之间合理的流动，达到动态平衡和优化组合，以取得最佳综合经济效益和社会效益。

项目动态管理是从揭示工程项目的内在规律与施工生产力的特点入手来研究管理体制与运行机制的。它以施工项目为基点来优化组合和管理企业的生产要素，以动态的组织形式和一系列动态的控制方法来实现企业生产要素按项目需求的最佳结合，根据项目需要来调整和设置企业管理的职能，从而实现施工企业管理与项目管理的有机结合。

项目动态管理吸取了国外项目管理的先进经验，并根据我国国情进行了探索和开发，它脱胎于传统的施工管理，它与其他项目管理方法既有区别又有联系。

（1）项目动态管理与项目管理

首先，项目动态管理与项目管理的管理范围不同。项目动态管理不仅应用项目管理理论方法，对具体单一项目进行科学管理，而且是同时对企业承担的所有项目进行科学管理，是利用项目生产要素需要的错落起伏差，将施工生产要素在项目之间动态组合，优化配置，而项目管理的范围是独立的单一项目。

其次，目标不同。项目动态管理谋求的是企业承建所有项目的总体综合效益，而项目管理追求的是单一项目的整体效益。

最后，适用对象不同。项目动态管理适用于具有刚性组织结构，能够同时进行多项目施工的全民及集体所有制大中型施工企业。它们的联系是：项目动态管理和项目管理都是以项目为中心组织生产力的。但项目动态管理是把项目管理和企业管理结合起来，不仅能保证建设项目达到最佳的效果（质量好、工期短、成本低），而且能兼顾企业效益和社会效益，适合中国国情。

（2）项目动态管理与传统施工管理

项目动态管理是以项目为中心来管理项目的，按项目需要来调整企业职能为之服务，施工力量呈动态配置；而传统的施工管理是按企业本身固有的组织体制和管理框架来组织实施项目施工，施工力量成建制的静态配置。由于项目动态管理是从传统的施工管理脱胎而出的，它们之间也有着密切的联系，如多年来积累的好的管理方法和经验，以及为了适应企业外部环境而保留的一些管理方式等。

5. 项目动态管理的重要意义

（1）有利于提高施工企业的生产力水平

第一，有效地调动了公司管理层和作业层的积极性，在各新开项目上显示了形成施工能力快的优势。第二，实现了轻装上阵。项目动态管理避免了成建制调动造成的负担，用则留、不用则走，现场不留闲人，施工一线项目管理人员与旧的管理方式相比减少了一半多。精干一线的目的得以实现。第三，增强了企业的整体弹性，实现了多项目管理的高效率。施工力量特别是技术和管理人员得到充分利用，公司的整体资源保证随时可以产生对某一项目的资源优势，及时解决无论内外因素带来的不利影响，保证项目目标实现。第四，企业职工的素质得以提高。项目动态管理的实践提供了锻炼管理干部和技术干部的场合，同时形成了基层自主管理、自我优化的机制，促使职工个人向一专多能发展，从而提高了企业的整体施工能力。

（2）有利于提高企业整体效益与社会效益

项目动态管理法追求的是高效率、高速度，是向社会交付更多的高质量的工程。同时，项目动态管理使施工力量在各项目之间形成了环环相扣的链条。一个项目，特别是大项目的计划拖延将造成全局被动，各施工单位必须竭尽全力，想尽办法，充分挖掘潜力，甚至不惜增大投入来保证网络计划的正点运行，以保持自己的动态平衡，保证工期、保证质量。

（3）有利于实现生产经营管理活动的整体优化

项目动态管理的目的是适应基本建设管理体制改革的需要，按照工程建设项目施工的规律，在企业外部环境和内部条件不断变化下，以企业内部的系统有序管理，来适应外部环境的变化。因此，它要求企业必须应用自然科学、社会科学的最新成果。依靠充分而准确的数据和信息，把定性分析和定量分析结合起来，对工程项目施工进行有效控制，从而实现生产经营管理活动的整体优化。

首先，从项目动态管理的外部环境看，企业受到国家基本建设投资规模增减、施工行业专业化和区域性分割的限制，受到建筑市场投标竞争的制约，因此，实施项目动态管理，首先要把经营战略作为企业生存发展的重要问题，在抓好企业内部动态适应性的同时，必须采用现代预测、决策技术、描述外部环境和市场变化及其对企业的影响，为决策提供可靠的依据。

其次，从项目动态管理的内部条件看，企业在同时承担多个施工项目时，它的生产能力（人、财、物等生产要素）在一定时期是相对稳定的，同时满足各个项目的资源也是有限的，客观上要求企业必须应用现代化管理方法，把有限的资源充分利用起来，形成合理的资源流，以满足各项目对生产要素的需求。

最后，从项目动态管理的运行目的看，它必须在完成施工任务的同时，获得较好的综合效益。但由于每个项目的施工周期不同，标准不同，随着承建项目的增多，客观上增大了管理工作的跨度，管理的复杂性加剧，协调关系增多，如何把每个单位、部门，以至于每个职工的积极性调动起来，将分散的局部的力量集中到项目动态管理的总目标上去，原有的行政命令加会战式的组织管理模式已不能适应动态管理的需要，必须引入现代化管理方法，对项目施工进行有效的计划、组织、协调、控制，以圆满实现项目目标。

综上，以施工企业为例进行了较全面的讨论，对于水利工程和其他企业项目动态管理的理论与维度是相似的。只需根据相应的实际加以变化即可形成项目业主、管理及设计等单位的项目动态管理模式。

（二）项目管理模式权变理论

项目管理模式是项目生产力发展到一定阶段的产物，必须同社会化大生产方式、经济体制、项目发展的内在规律和外部环境相适应，及时转变项目管理模式，以适应项目建设的需要。下面仍以施工企业为例进行相应的讨论。

1. 施工企业项目传统管理模式及其问题

根据对企业管理运行体制的定义，我国施工企业传统的管理运行体制基本上是一种三级（公司、工程处、工程队）管理或二级管理的模式[1]。

其一，纵向管理职能体系专注于企业内的施工生产活动，从管理层次上看，工程处、工程队都是直接进行施工生产作业的单位，公司管理层直接控制各种生产要素部门和专业职能部门，企业基本上没有独立的经营决策层。所以这是一种项目型运行管理体制，而不是生产经营型的企业运行管理体制。

其二，横向管理职能体系基本固定，其设置上较少考虑施工生产任务的变化要求和企业的经营活动。对一般的施工企业来说，其专业管理职能部门基本上是在企业经理的直接领导下，按照一般管理职能的分工关系平衡设置，而且各职能部门人员与工作任务长期固定，各职能部门间没有内在的联系。这种专业职能部门的设置方式，不利于各部门间的协调，不利于企业的专业管理部门为生产作业部门服务。

其三，纵向管理职能体系和横向管理体系各自为政，缺乏明确的责权利关系，难以形成有机的企业职能分工协作的体系。首先，横向管理职能部门以自我为中心，固

1　刘长军 . 水利工程项目管理 [M]. 北京：中国环境出版社，2013.

定在企业管理层，不能有效地为施工生产经营活动服务。企业往往是以职能部门为基点和中心进行管理，而不以施工项目为基点和中心进行管理。其次，企业的横向管理职能体系和纵向管理职能体系是并行的，纵向管理职能体系和横向管理职能体系缺乏明确的责权利关系和分工协作关系。

其四，企业纵向、横向管理职能体系都是完全固定式的，其内部相应生产管理条件的配置也是固定的，企业管理就是以这些固定建制的单位为中心，而不是以施工项目为中心，企业内在生产要素的配置没有灵活性。首先，各管理职能单位的设置是不考虑施工任务的变化而预先确定的。其次，各职能单位内部生产管理条件和生产要素基本上也是固定配置的，所以只能是让企业的施工任务适应这种固定建制体系的需要，而不是相反。企业考核的也只能是与项目施工任务的有效完成关系不大的一些固定指标，这样不利于施工企业社会功能的实现。

其五，企业管理职能体系中各部门、各单位间是一种行政手段的联系，而不是一种经济责任制关系，同时各部门、各单位本身也没有明确统一的经济责权利。这样的一种体制，不但缺乏必要的经济约束机制，更重要的是缺乏工作的动力，不利于调动企业管理者的积极性、主动性和创造性。

2. 施工项目的内在规律与项目管理模式的关系思辨

施工企业管理模式必须体现社会化大生产所共有的客观经济规律的要求，还必须体现施工项目所特有的内在规律的要求，一方面要弄清楚企业的生产性质、生产技术、生产类型等因素对现代企业的影响；另一方面要满足施工项目对生产要素需求的特殊性对施工企业管理的要求。

（1）必须根据施工项目特点建立灵活的项目管理模式

施工经济活动规律主要根源于施工项目一次性、多变性的特点，一次性、多变性是施工项目最基本的特点。施工项目的一次性说明其相应项目管理组织应该具有临时性，而不能无视项目周期的变化。同时项目的一次性也决定了它具有多变性的特点，不但施工企业在一定时期内承揽项目的种类、规模要经常发生变化，而且在各施工项目周期的不同阶段也有不同的管理要求。这一切都要求施工企业的管理运行体制本身具有一定的机动性，能适应施工任务灵活多变的要求，因此必须对固定建制式的体制进行改革。

（2）施工企业相对稳定性必须适应施工项目的多变性

现代施工活动具有两个最重要的特征：一是以施工企业为最基本的活动主体；二是以施工项目为最基本的活动客体。

一方面，对于施工企业而言，为适应连续生产经营活动的需要，一般需要相对稳定的企业管理制度。而对于施工项目，由于它具有单件性、流动性和多样化的特点，对施工生产要素的需要是随着施工项目的有无和施工项目周期的变化而呈现出阶段性和不稳定性。

另一方面，施工企业管理制度的相对稳定性和施工项目的多变性都是现代施工活动固有的特征，是不以人们的意志为转移的，因此，建立和改革施工企业管理制度的基本要求是，使施工企业的相对稳定性与施工项目的多变性相适应。

3. 项目管理模式与外部环境的关系思辨

企业的生存和发展是以外部环境为条件的，企业的外部环境就是社会。某一阶段外部环境的发展趋势及其新的环境特点对建立一种新的管理模式有着重要影响。在目前及今后的一个阶段，我国施工企业所面临的是一个确定中存在着不确定因素的外部环境。

（1）项目权变管理产生的依据

外部环境的确定性因素。确定性因素是指改革开放将坚定不移地进行，改革的理论、目标、政策方向等不变，包括三个方面：第一，在我国实行以公有制为主的多种经济形式、有计划的商品经济、对外开放的经济这种新的具体经济形态模型是确定不移的。第二，实行以内涵发展为主导方式和合理配置生产力资源的相对平衡发展模型是确定不移的。第三，实行宏观控制和微观搞活有机结合的管理模型也是确定不移的。

建立一个新的企业管理模式应当有它相应的应用周期，而不是随机使用的一种方式，因此，长期的社会环境的确定性因素应当成为新模式建立的主要依据。项目权变管理以企业内部的管理层与作业层分开为构架，逐步走向以国营大型施工企业为中心，以地方、集体建筑公司为协力企业，以农村或个体建筑队为补充的模式和施工企业以大型施工项目为骨干，以中型项目为补充，以小型项目为调节以达到企业能力与任务的动态平衡。

（2）项目权变管理所要解决的问题

外部环境的不确定性因素。外部环境的不确定性，主要是指在政策规定和市场状况中的不确定因素，包括两个方面。

一是由于经济改革的渐进性所造成的具体政策的不确定性。我国的经济改革是在一个经济水平较低、发展很不平衡的大国进行的，不可能一举成功，只能在比较长的时间内一步步地走向最终目标。许多改革的政策、步骤和具体措施还需要在实践中探索，需要根据实践的经验做出肯定，这就造成了许多具体政策上的不确定性。

二是商品经济本身的特点所造成的市场环境的不确定性。商品市场是复杂、多变的，商品经济从本质上讲是经常变动的，不稳定的，同时商品经济的广泛发展也会产生某种盲目性，国家与地方、地方与地方之间基建项目重复上马，基建规模的或起或落等又加剧了这种影响。

外部环境的不确定性因素是企业本身所不能掌握和控制的，因此，它是企业管理所要解决的主要问题，这种环境既会对企业带来不利影响，又会不断地给企业提供机会，企业应当靠自己的能力以减少不利影响，利用机会，求得发展。项目权变管理在体制设置上引入弹性机制，提高企业应变能力等就是为了解决外部环境不确定性因素给企业带来的影响。

第二章

水利工程施工技术解读

第一节 水利工程施工导流与降排水施工技术

一、施工导流的设计与规划

施工导流的方法大体上分为两类：一类是全段围堰法导流（河床外导流），另一类是分段围堰法导流（河床内导流）。

（一）全段围堰法导流

全段围堰法导流是在河床主体工程的上下游各建一道拦河围堰，使上游来水通过预先修筑的临时或永久泄水建筑物（如明渠、隧洞等）泄向下游，主体建筑物在排干的基坑中进行施工，主体工程建成或接近建成时再封堵临时泄水道。这种方法的优点是工作面大，河床内的建筑物在一次性围堰的围护下建造，如能利用水利枢纽中的永久泄水建筑物导流，可大大节约工程投资。

全段围堰法按泄水建筑物的类型不同可分为明渠导流、隧洞导流、涵管导流等。

1. 明渠导流

上下游围堰一次拦断河床形成基坑，保护主体建筑物干地施工，天然河道水流经河岸或滩地上开挖的导流明渠泄向下游的导流方式称为明渠导流。

（1）明渠导流的适用条件

若坝址河床较窄，或河床覆盖层很深，分期导流困难，且具备下列条件之一，可考虑采用明渠导流。

1）河床一岸有较宽的台地、垭口或古河道。

2）导流流量大，地质条件不适于开挖导流隧洞。

3）施工期有通航、排冰、过木要求。

4）总工期紧，不具备洞挖经验和设备。

国内外工程实践证明，在导流方案比较过程中，若明渠导流和隧洞导流均可采用，一般倾向于明渠导流。这是因为明渠开挖可采用大型设备，加快施工进度，对主体工程提前开工有利。施工期间河道有通航、过木和排冰要求时，明渠导流明显更有利。

（2）导流明渠布置

导流明渠布置分在岸坡上和在滩地上两种布置形式，如图 2-1 所示。

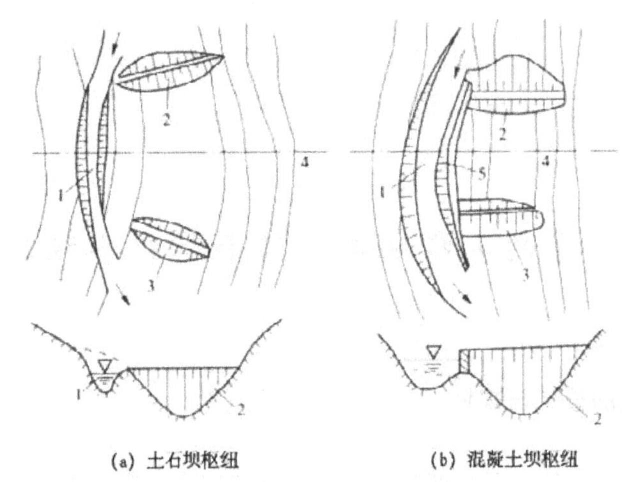

图 2-1 导流隧洞示意图

1—导流隧洞；2—上游围堰；3—下游围堰；4 一主坝；5—明渠外导墙

1）导流明渠轴线的布置。导流明渠应布置在较宽台地、垭口或古河道一岸；渠身轴线要伸出上下游围堰外坡脚，水平距离要满足防冲要求，一般为 50~100m；明渠进出口应与上下游水流相衔接，与河道主流的交角以小于 30° 为宜；为保证水流畅通，明渠转弯半径应大于 5 倍渠底宽；明渠轴线布置应尽可能缩短明渠长度和避免深挖方。

2）明渠进出口位置和高程的确定。明渠进出口力求不冲、不淤和不产生回流，可通过水力学模型试验调整进出口形状和位置，以达到这一目的；进口高程按截流设计选择，出口高程一般由下游消能控制；进出口高程和渠道水流流态应满足施工期通航、过木和排冰要求；在满足上述条件下，尽可能抬高进出口高程，以减小水下开挖量。

（3）导流明渠断面设计

1）明渠断面尺寸的确定。明渠断面尺寸由设计导流流量控制，并受地形地质和允许抗冲流速影响，应按不同的明渠断面尺寸与围堰的组合，通过综合分析确定。

2）明渠断面形式的选择。明渠断面一般设计成梯形，渠底为坚硬基岩时，可设计成矩形。有时为满足截流和通航的不同目的，也可设计成复式梯形断面。

3）明渠糙率的确定。明渠糙率大小直接影响到明渠的泄水能力，而影响糙率大小的因素有衬砌材料、开挖方法、渠底平整度等，可根据具体情况查阅有关手册确定。对大型明渠工程，应通过模型试验选取糙率。

（4）明渠封堵。导流明渠结构布置应考虑后期封堵要求。当施工期有通航、过木和排冰任务，明渠较宽时，可在明渠内预设闸门墩，以利于后期封堵。施工期无通航、过木和排冰任务时，应于明渠通水前，将明渠坝段施工到适当高程，并设置导流底孔和坝面口，使二者联合泄流。

2. 隧洞导流

上下游围堰一次拦断河床形成基坑，保护主体建筑物干地施工，天然河道水流全部由导流隧洞宣泄的导流方式称为隧洞导流。

（1）隧洞导流的适用条件。导流流量不大，坝址河床狭窄，两岸地形陡峻，如一岸或两岸地形、地质条件良好，可考虑采用隧洞导流。

（2）导流隧洞的布置。导流隧洞的布置如图 2-2 所示。一般应满足以下要求。

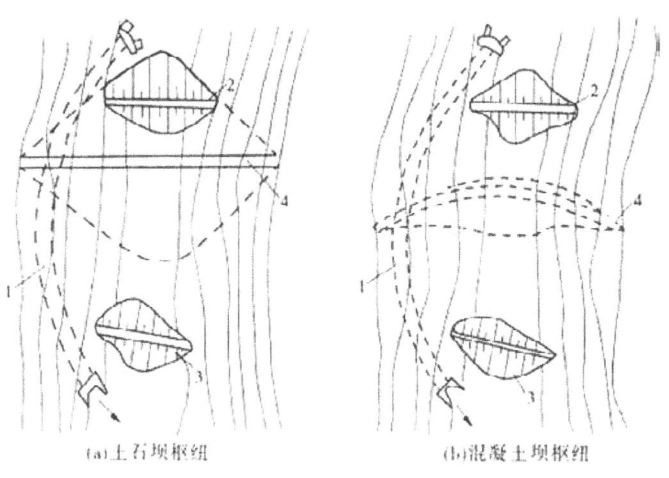

图 2-2 导流隧洞示意图
1—导流隧洞；2—上游围堰；3—下游围堰；4—主坝

1）隧洞轴线沿线地质条件良好，足以保证隧洞施工和运行的安全。

2）隧洞轴线宜按直线布置，如有转弯，转弯半径不小于 5 倍洞径（或洞宽），转角不宜大于 60°，弯道首尾应设直线段，长度不应小于 3~5 倍洞径（或洞宽）；进出口引渠轴线与河流主流方向夹角宜小于 30°。

3）隧洞间净距、隧洞与永久建筑物间距、洞脸与洞顶围岩厚度均应满足结构和应力要求。

4）隧洞进出口位置应保证水力学条件良好，并伸出堰外坡脚一定距离，一般距离应大于 50m，以满足围堰防冲要求。进口高程多由截流控制，出口高程由下游消能控制，洞底按需要设计成缓坡或急坡，避免设计成反坡。

（3）导流隧洞断面设计。隧洞断面尺寸的大小取决于设计流量、地质和施工条件，洞径应控制在施工技术和结构安全允许范围内。目前，国内单洞断面尺寸多在 200m^2 以下，单洞泄量不超过 2000–2500m^3/s。

隧洞断面形式取决于地质条件、隧洞工作状况（有压或无压）及施工条件。常用断面形式有圆形、马蹄形、方圆形。圆形多用于高水头处，马蹄形多用于地质条件不良处，方圆形有利于截流和施工。国内外导流隧洞多采用方圆形。

洞身设计中，糙率 n 值的选择是十分重要的问题。糙率的大小直接影响断面的大小，而衬砌与否、衬砌的材料和施工质量、开挖的方法和质量则是影响糙率大小的因素。一般混凝土衬砌糙率值为 0.014~0.017；不衬砌隧洞的糙率变化较大，光面爆破时为 0.025~0.032，一般炮眼爆破时为 0.035~0.044。设计时根据具体条件，查阅有关手册确定。对重要的导流隧洞工程，应通过水工模型试验验证其糙率的合理性。

导流隧洞设计应考虑后期封堵要求，布置封堵闸门门槽及启闭平台设施。有条件者，导流隧洞应与永久隧洞结合，以利节省投资（如小浪底工程的三条导流隧洞后期改建为三条孔板消能泄洪洞）。一般高水头枢纽，导流隧洞只可能与永久隧洞部分相结合，中低水头则有可能全部相结合。

3. 涵管导流

涵管导流一般在修筑土坝、堆石坝工程中采用。涵管通常布置在河岸岩滩上，其位置在枯水位以上，这样可在枯水期不修围堰或只修一小围堰。先将涵管筑好，然后修上下游全段围堰，将河水引经涵管下泄，如图 2–3 所示。

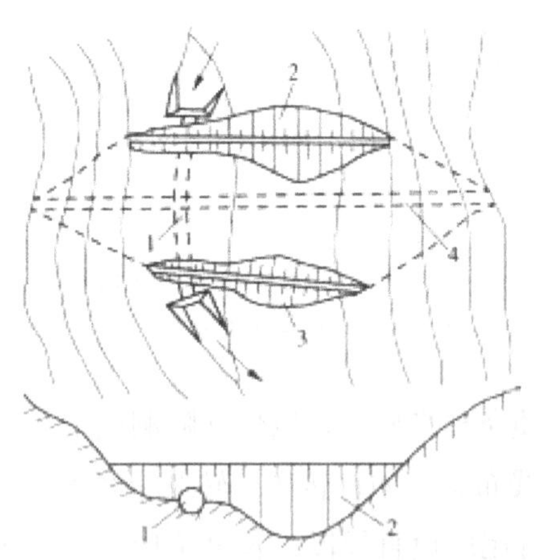

图 2–3　涵管导流示意图

1—导流涵管；2—上游围堰；3—下游围堰；4—土石坝

涵管一般是钢筋混凝土结构。当有永久涵管可以利用或修建隧洞有困难时，采用涵管导流是合理的。在某些情况下，可在建筑物基岩中开挖沟槽，必要时予以衬砌，然后封上混凝土或钢筋混凝土顶盖，形成涵管。利用这种涵管导流往往可以获得经济可靠的效果。由于涵管的泄水能力较低，所以一般用在导流流量较小的河流上或只用来担负枯水期的导流任务。

为了防止涵管外壁与坝身防渗体之间的渗流，通常在涵管外壁每隔一定距离设置截流环，以延长渗径，降低渗透坡降，减少渗流的破坏作用。此外，必须严格控制涵管外壁防渗体的压实质量。涵管管身的温度缝或沉陷缝中的止水必须严格施工。

（二）分段围堰法导流

分段围堰法也称分期围堰法或河床内导流，就是用围堰将建筑物分段分期围护起来。所谓分段，就是从空间上将河床围护成若干个干地施工的基坑段进行施工。所谓分期，就是从时间上将导流过程划分成阶段。导流的分期数和围堰的分段数并不一定相同，因为在同一导流分期中，建筑物可以在一段围堰内施工，也可以同时在不同段内施工。必须指出的是，段数分得越多，围堰工程量愈大，施工也愈复杂；同样，期数分得愈多，工期有可能拖得愈长。因此，在工程实践中，二段二期导流法采用得最多（如葛洲坝工程、三门峡工程等都采用了此法）。只有在比较宽阔的通航河道上施工，不允许断航或其他特殊情况下，才采用多段多期导流法（如三峡工程施工导流就采用二段三期导流法）。

分段围堰法导流一般适用于河床宽阔、流量大、施工期较长的工程，尤其是通航河流和冰凌严重的河流上。这种导流方法的费用较低，国内外一些大中型水利水电工程采用较多。分段围堰法导流，前期由束窄的原河道导流，后期可利用事先修建好的泄水道导流。常见泄水道的类型有底孔导流、坝体缺口导流等。

1. 底孔导流

利用设置在混凝土坝体中的永久底孔或临时底孔作为泄水道，是二期导流经常采用的方法。导流时让全部或部分导流流量通过底孔宣泄到下游，保证后期工程的施工。若是临时底孔，则在工程接近完工或需要蓄水时要加以封堵。

采用临时底孔时，底孔的尺寸、数目和布置要通过相应的水力学计算确定。其中，底孔的尺寸在很大程度上取决于导流的任务（过水、过船、过木和过鱼），以及水工建筑物结构特点和封堵用闸门设备的类型。底孔的布置要满足截流、围堰工程以及本身封堵的要求。如底坎高程布置较高，截流时落差就大，围堰也高。但封堵时的水头较低，封堵就容易。一般底孔的底坎高程应布置在枯水位之下，以保证枯水期泄水。当底孔数目较多时，可把底孔布置在不同的高程，封堵时从最低高程的底孔堵起，这样可以减小封堵时所承受的水压力。

临时底孔的断面形状多采用矩形，为了改善孔周的应力状况，也可采用有圆角的矩形。按水工结构要求，孔口尺寸应尽量小，但某些工程由于导流流量较大，只好采用尺寸较大的底孔。

底孔导流的优点是挡水建筑物上部的施工可以不受水流的干扰，有利于均衡连续施工，这对修建高坝特别有利。当坝体内设有永久底孔可以用来导流时，更为理想。

底孔导流的缺点是：由于坝体内设置了临时底孔，钢材用量增加；如果封堵质量不好，会削弱坝体的整体性，还有可能漏水；在导流过程中底孔有被漂浮物堵塞的危险；封堵时由于水头较高，安放闸门及止水等均较困难。

2. 坝体缺口导流

混凝土坝施工过程中，当汛期河水暴涨暴落，其他导流建筑物不足以宣泄全部流量时，为了不影响坝体施工进度，使坝体在涨水时仍能继续施工，可以在未建成的坝体上预留缺口，以便配合其他建筑物宣泄洪峰流量。待洪峰过后，上游水位回落，再继续修筑缺口。所留缺口的宽度和高度取决于导流设计流量、其他建筑物的泄水能力、建筑物的结构特点和施工条件。采用底坎高程不同的缺口时，为避免高低缺口单宽流量相差过大，产生高缺口向低缺口的侧向泄流，引起压力分布不均匀，需要适当控制高低缺口间的高差。根据湖南省柘溪工程的经验，其高差以不超过 4~6m 为宜。

在修建混凝土坝，特别是大体积混凝土坝时，由于这种导流方法比较简单，常被采用。上述两种导流方式一般只适用于混凝土坝，特别是重力式混凝土坝。至于土石坝或非重力式混凝土坝，采用分段围堰法导流，常与隧洞导流、明渠导流等河床外导流方式相结合。

二、基坑降排水

修建水利水电工程时，在围堰合龙闭气以后，就要排除基坑内的积水和渗水，以保持基坑处于基本干燥状态，以利于基坑开挖、地基处理及建筑物的正常施工。

基坑排水工作按排水时间及性质，一般可分为：

（1）基坑开挖前的初期排水，包括基坑积水、基坑积水排除过程中的围堰堰体与基础渗水、堰体及基坑覆盖层的含水率以及可能出现的降水的排除。

（2）基坑开挖及建筑物施工过程中的经常性排水，包括围堰和基坑渗水、降水以及施工弃水量的排除。如按排水方法分，有明式排水和人工降低地下水位两种。

（一）明式排水

1. 排水量的确定

（1）初期排水排水量估算

初期排水主要包括基坑积水、围堰与基坑渗水两部分。对于降雨，因为初期排水是在围堰或截流戗堤合龙闭气后立即进行的，通常是在枯水期内，而枯水期降雨很少，所以一般可不予考虑。除积水和渗水外，有时还需考虑填方和基础中的饱和水。

基坑积水体积可按基坑积水面积和积水深度计算，这是比较容易的。但是排水时间的确定就比较复杂，排水时间主要受基坑水位下降速度的限制，基坑水位的允许下降速度视围堰种类、地基特性和基坑内水深而定。水位下降太快，则围堰或基坑边坡中动水压力变化过大，容易引起坍坡；水位下降太慢，则影响基坑开挖时间。一般认为，土石围堰的基坑水位下降速度应限制在0.5~0.7m/d，木笼及板桩围堰等应小于1.0~1.5m/d。初期排水时间，大型基坑一般可采用5~7d，中型基坑一般不超过3~5d。

通常，当填方和覆盖层体积不太大时，在初期排水且基础覆盖层尚未开挖时，可不必计算饱和水的排除。如需计算，可按基坑内覆盖层总体积和孔隙率估算饱和水总水量。

按以上方法估算初期排水流量，选择抽水设备，往往很难符合实际。在初期排水过程中，可以通过试抽法进行校核和调整，并为经常性排水计算积累一些必要资料。试抽时如果水位下降很快，则显然是所选择的排水设备容量过大，此时应关闭一部分排水设备，使水位下降速度符合设计规定。试抽时若水位不变，则显然是设备容量过小或有较大渗漏通道存在。此时，应增加排水设备容量或找出渗漏通道予以堵塞，然后进行抽水。还有一种情况是水位降至一定深度后就不再下降，这说明此时排水流量与渗流量相等，据此可估算出需增加的设备容量。

（2）经常性排水排水量的确定

经常性排水的排水量主要包括围堰和基坑的渗水、降雨、地基岩石冲洗及混凝土养护用废水等。设计中一般考虑两种不同的组合，从中择其大者，以选择排水设备。一种组合是渗水加降雨，另一种组合是渗水加施工废水。降雨和施工废水不必组合在一起，因为二者不会同时出现。如果全部叠加在一起，显然太保守。

1）降雨量的确定。在基坑排水设计中，对降雨量的确定尚无统一的标准。大型工程可采用20年一遇3日降雨中最大的连续降雨量，再减去估计的径流损失值（每小时1mm），作为降雨强度。也有的工程采用日最大降雨强度。基坑内的降雨量可根据上述计算降雨强度和基坑集雨面积求得。

2）施工废水。施工废水主要考虑混凝土养护用水，其用水量估算应根据气温条件和混凝土养护的要求而定。一般初估时可按每立方米混凝土每次用水5L每天养护8次计算。

3）渗透流量计算。通常，基坑渗透总量包括围堰渗透量和基础渗透量两部分。关于渗透量的详细计算方法，在水力学、水文地质和水工结构等论著中均有介绍，这里仅介绍估算渗透量常用的一些方法，以供参考。

按照基坑条件和所采用的计算方法，有以下几种计算情况：

第一种，基坑远离河岸不必设围堰时渗入基坑的全部流量的计算。首先按基坑宽长比将基坑区分为窄长形基坑和宽阔基坑。前者按沟槽公式计算，后者则化为等效的圆井，按井的渗流公式计算。圆井还可区分为无压完全井、无压不完全井、承压完全井、承压不完全井等情况，参考有关水力学手册计算。

第二种，筑有围堰时基坑渗透量的简化计算。与前一种情况相仿，也将基坑简化为等效圆井计算。常遇到的情况有以下两种：①无压完整形基坑；②无压不完整形基坑。

第三种，考虑围堰结构特点的渗透计算。以上两种简化方法，是把宽阔基坑，甚至连同围堰在内，化为等效圆形直井计算，这显然是十分粗略的。当基坑为窄长形且需考虑围堰结构特点时，渗水量的计算可分为围堰和基础两部分，分别计算后予以叠加。按这种方法计算时，采用以下简化假定：计算围堰渗透时，假定基础是不透水的；计算基础渗透时，则认为围堰是不透水的。有时，并不进行这种区分，而将围堰和基础一并考虑，也可选用相应的计算公式。由于围堰的种类很多，各种围堰的渗透计算公式可查阅有关水工手册和水力计算手册。

应当指出的是，应用各种公式估算渗流量的可靠性，不仅取决于公式本身的精度，而且取决于计算参数的正确选择。特别是像渗透系数这类物理常数，对计算结果的影响很大。但是，在初步估算时，往往不可能获得较详尽而可靠的渗透系数资料。此时，也可采用更简便的估算方法。

2. 基坑排水布置

基坑排水系统的布置通常应考虑两种不同情况：一种是基坑开挖过程中的排水系统布置；另一种是基坑开挖完成后修建建筑物时的排水系统布置。布置时，应尽量同时兼顾这两种情况，并且使排水系统尽可能不影响施工。

基坑开挖过程中的排水系统布置，应以不妨碍开挖和运输工作为原则。一般将排水干沟布置在基坑中部，以利两侧出土。随着基坑开挖工作的进展，逐渐加深排水干沟和支沟。通常保持干沟深度为 1~1.5m，支沟深度为 0.3~0.5m。集水井多布置在建筑物轮廓线外侧，井底应低于干沟沟底。但是，由于基坑坑底高程不一，有的工程就采用层层设截流沟、分级抽水的办法，即在不同高程上分别布置截水沟、集水井和水泵站，进行分级抽水。

建筑物施工时的排水系统通常都布置在基坑四周。排水沟应布置在建筑物轮廓线外侧，且距离基坑边坡坡脚不少于 0.3~0.5m。排水沟的断面尺寸和底坡大小取决于排水量的大小。一般排水沟底宽不小于 0.3m，沟深不大于 1.0m，底坡不小于 2‰。密实土层中，排水沟可以不用支撑，但在松土层中，则需用木板或麻袋装石来加固。

水经排水沟流入集水井后，利用在井边设置的水泵站，将水从集水井中抽出。集水井布置在建筑物轮廓线以外较低的地方，它与建筑物外缘的距离必须大于井的深度。井的容积至少要能保证水泵停止抽水 10~15min 后，井水不致漫溢。集水井可为长方形，边长 1.5~2.0m，井底高程应低于排水沟底 1.0~2.0m。在土中挖井，其底面应铺填反滤料。在密实土中，井壁用框架支撑在松软土中，利用板桩加固。如板桩接缝漏水，尚需在井壁外设置反滤层。集水井不仅可用来集聚排水沟的水量，而且应有澄清水的作用，因为水泵的使用年限与水中含沙量的多少有关。为了保护水泵，集水井宜稍微偏大、偏深一些。

为防止降雨时地面径流进入基坑而增加抽水量，通常在基坑外缘边坡上挖截水沟，以拦截地面水。截水沟的断面及底坡应根据流量和土质而定，一般沟宽和沟深不小于 0.5m，底坡不小于 2‰，基坑外地面排水系统最好与道路排水系统相结合，以便自流排水。

为了降低排水费用，当基坑渗水水质符合饮用水或其他施工用水要求时，可将基坑排水与生活、施工供水相结合。丹江口工程的基坑排水就直接引入供水池，供水池上设有溢流闸门，多余的水则溢入江中。

明式排水系统最适用于岩基开挖。对砂砾石或粗砂覆盖层，在渗透系数 $K_s>2\times10^{-1}$cm/s，且围堰内外水位差不大的情况下也可用。在实际工程中也有超出上述界限的，例如丹江口工程的细砂地基，渗透系数约为 2×10^{-2}cm/s，采取适当措施后，明式排水也取得了成功。不过，一般认为当 $K_s<10^{-1}$cm/s 时，以采用人工降低水位法为宜。

（二）人工降低地下水位

经常性排水过程中，为了保持基坑开挖工作始终在干地进行，常常要多次降低排水沟和集水井的高程，变换水泵站的位置，这会影响开挖工作的正常进行。此外，在开挖细砂土、沙壤土一类地基时，随着基坑底面的下降，坑底与地下水位的高差愈来愈大，在地下水渗透压力作用下，容易发生边坡脱滑、坑底隆起等事故，甚至危及邻近建筑物的安全，给开挖工作带来不良影响。

采用人工降低地下水位，可以改变基坑内的施工条件，防止流沙现象的发生，基坑边坡可以陡些，从而可以大大减少挖方量。人工降低地下水位的基本做法是：在基坑周围钻设一些井，地下水渗入井中后，随即被抽走，使地下水位线降到开挖的基坑底面以下，一般应使地下水位降到基坑底部 0.5~1.0m 处。

人工降低地下水位的方法按排水工作原理可分为管井法和井点法两种。管井法是单纯重力作用排水，适用于渗透系数 K_s=10~250m/d 的土层；井点法还附有真空或电渗排水的作用，适用于 K_s=0.1~50m/d 的土层。

1. 管井法降低地下水位

管井法降低地下水位时，在基坑周围布置一系列管井，管井中放入水泵的吸水管，地下水在重力作用下流入井中，被水泵抽走。管井法降低地下水位时，须先设置管井，管井通常采用下沉钢井管，在缺乏钢管时也可用木管或预制混凝土管代替。

井管的下部安装滤水管节（滤头），有时在井管外还需设置反滤层，地下水从滤水管进入井内，水中的泥沙则沉淀在沉淀管中。滤水管是井管的重要组成部分，其构造对井的出水量和可靠性影响很大。要求它过水能力大，进入的泥沙少，有足够的强度和耐久性。

井管埋设可采用射水法、振动射水法及钻孔法下沉。射水下沉时，先用高压水冲土下沉套管，较深时可配合振动或锤击（振动水冲法），然后在套管中插入井管，最后在套管与井管的间隙中间填反滤层并拔套管，反滤层每填高一次便拔一次套管，逐层上拔，直至完成。

管井中抽水可应用各种抽水设备，但主要的是普通离心式水泵、潜水泵和深井水泵，分别可降低水位 3~6m、6~20m 和 20m 以上，一般采用潜水泵较多。用普通离心式水泵抽水，由于吸水高度的限制，当要求降低地下水位较深时，要分层设置管井，分层进行抽水。

在要求大幅度降低地下水位的深井中抽水时，最好采用专用的离心式深井水泵。每个深井水泵都是独立工作，井的间距也可以加大。深井水泵一般深度大于 20m，排水效率高，需要井数少。

2. 井点法降低地下水位

井点法与管井法不同，它把井管和水泵的吸水管合二为一，简化了井的构造。井点法降低地下水位的设备，根据其降深能力分轻型井点（浅井点）和深井点等。其中最常用的是轻型井点，是由井管、集水总管、普通离心式水泵、真空泵和集水箱等设备所组成的排水系统。

轻型井点系统的井点管为直径 38~50mm 的无缝钢管，间距为 0.6~1.8m，最大可达 3.0m。地下水从井管下端的滤水管借真空泵和水泵的抽吸作用流入管内，沿井管上升汇入集水总管，流入集水箱，由水泵排出。轻型井点系统开始工作时，先开动真空泵，排除系统内的空气，待集水箱内的水面上升到一定高度后，再启动水泵排水。水泵开始抽水后，为了保持系统内的真空度，仍需真空泵配合水泵工作。这种井点系统也叫真空井点。井点系统排水时，地下水位的下降深度取决于集水箱内的真空度与管路的漏气情况和水头损失。一般集水箱内真空度为 80kPa（400~600mmHg），相当于吸水高度为 5~8m，扣除各种损失后，地下水位的下降深度为 4~5m。

当要求地下水位降低的深度超过 4~5m 时，可以像管井一样分层布置井点，每层控制范围 3~4m，但以不超过 3 层为宜。分层太多，基坑范围内管路纵横，妨碍交通，影响施工，同时增加挖方量。而且当上层井点发生故障时，下层水泵能力有限，地下水位回升，基坑有被淹没的可能。

真空井点抽水时，在滤水管周围形成了一定的真空梯度，加快了土的排水速度，因此即使在渗透系数小的土层中，也能进行工作。

布置井点系统时，为了充分发挥设备能力，集水总管、集水管和水泵应尽量接近天然地下水位。当需要几套设备同时工作时，各套总管之间最好接通，并安装开关，以便相互支援。

井管的安设，一般用射水法下沉。距孔口 1.0m 范围内，应用黏土封口，以防漏气。排水工作完成后，可利用杠杆将井管拔出。

深井点与轻型井点不同，它的每一根井管上都装有扬水器（水力扬水器或压气扬水器），因此它不受吸水高度的限制，有较大的降深能力。

深井点有喷射井点和压气扬水井点两种。喷射井点由集水池、高压水泵、输水干管和喷射井管等组成。通常一台高压水泵能为 30~35 个井点服务，其最适宜的降水位范围为 5~18m。喷射井点的排水效率不高，一般用于渗透系数为 3~50m/d、渗流量不大的场合。压气扬水井点是用压气扬水器进行排水。排水时压缩空气由输气管送来，由喷气装置进入扬水管，于是，管内容重较轻的水气混合液，在管外水压力的作用下，沿水管上升到地面排走。为达到一定的扬水高度，就必须将扬水管沉入井中有足够的潜没深度，使扬水管内外有足够的压力差。压气扬水井点降低地下水位最大可达 40m。

第二节 水利工程土石方工程施工技术

土石方施工是水利工程施工的重要组成部分。我国自 20 世纪 50 年代开始逐步实施机械化施工，至 20 世纪 80 年代以后，土石方施工得到快速发展，在工程规模、机械化水平、施工技术等各方面取得了很大的成就，解决了一系列复杂地质、地形条件下的施工难题，如深厚覆盖层的坝基处理、筑坝材料、坝体填筑、混凝土面板防裂、沥青混凝土防渗等施工技术问题。其中，在工程爆破技术、土石方机械化施工等方面已处于国际先进水平。

一、工程爆破技术

炸药与起爆器材的日益更新，施工机械化水平的不断提高，为爆破技术的发展创造了重要条件。多年来，爆破施工从手风钻为主发展到潜孔钻，并由低风压向中高风压发展，为加大钻孔直径和速度创造了条件；引进的液压钻机，进一步提高了钻孔效率和精度；多臂钻机及反井钻机的采用，使地下工程的钻孔爆破进入了新阶段。近年来，引进开发混装炸药车，实现了现场连续式自动化合成炸药生产工艺和装药机械化，进一步稳定了产品质量，改善了生产条件，提高了装药水平和爆破效果。此外，深孔梯段爆破、洞室爆破开采坝体堆石料技术也日臻完善，既满足了坝料的级配要求，又加快了坝料的开挖速度。

二、土石方明挖

凿岩机具和爆破器材的不断创新，极大地促进了梯段爆破及控制爆破技术的进步，使原有的微差爆破、预裂爆破、光面爆破等技术更趋完善；施工机具的大型化、系统化、自动化使得施工工艺、施工方法取得了重大变革。

（1）施工机械

我国土石方明挖施工机械化起步较晚，新中国成立初期兴建的一些大型水电站除黄河三门峡工程外，都经历了从半机械化逐步向机械化施工发展的过程。直到 20 世纪 60 年代末，土石方开挖才形成低水平的机械化施工能力。主要设备有手风钻、1~3m^{3}斗容的挖掘机和 5¯12t 的自卸汽车。此阶段主要依靠进口设备，可供选择的机械类型很少，谈不上选型配套。20 世纪 70 年代后期，施工机械化得到迅速的发展，在 80 年代中期以后发展尤为迅速。常用的机械设备有钻孔机械、挖装机械、运输机械和辅助机械四大类，形成配套的开挖设备。

（2）控制爆破技术

基岩保护层原为分层开挖，经多个工程试验研究和推广应用，发展到水平预裂（或光面）爆破法和孔底设柔性垫层的小梯段爆破法一次爆除，确保了开挖质量，加快了施工进度。特殊部位的控制爆破技术解决了在新浇混凝土结构、基岩灌浆区、锚喷支护区附近进行开挖爆破的难题。

（3）高陡边坡开挖

近年来，开工兴建的大型水电站开挖的高陡边坡较多。

（4）土石方平衡

大型水利工程施工中，十分重视开挖料利用，力求挖填平衡。开挖料用作坝（堰）体填筑料、截流用料和加工制作混凝土砂石骨料等。

高边坡加固技术。水利工程高边坡常用的处理方法有抗滑结构、锚固以及减载、排水等综合措施。

（5）高边坡加固技术

水利工程高边坡常用的处理方法有抗滑结构、锚固以及减载、排水等综合措施。

三、抗滑结构

（1）抗滑桩

抗滑桩能有效而经济地治理滑坡，尤其是滑动面倾角较缓时，效果更好。

（2）沉井

沉井在滑坡工程中既起抗滑桩的作用，同时也具备挡土墙的作用。

（3）挡墙

混凝土挡墙能有效地从局部改变滑坡体的受力平衡，阻止滑坡体变形的延展。

（4）框架、喷护

混凝土框架对滑坡体表层坡体起保护作用并增强坡体的整体性，防止地表水渗入和坡体风化。框架护坡具有结构物轻、用料省、施工方便、适用面广、便于排水等优点，并可与其他措施结合使用。另外，耕植草本植被也是治理永久边坡的常用措施。

四、锚固技术

预应力锚索具有不破坏岩体结构、施工灵活、速度快、干扰小、受力可靠、主动承载等优点，在边坡治理中应用广泛。大吨位岩体预应力锚固吨位已提高到6167kN，张拉设备出力提高到6000kN，锚索长度达61.6m，可加固坝体、坝基、岩体边坡、地下洞室围岩等，达到了国际先进水平。

第三节 水利模板与混凝土工程施工技术

一、模板工程施工

混凝土在没有凝固硬化以前，是处于一种半流体状态的物质。能够把混凝土做成符合设计图纸要求的各种规定的形状和尺寸模子，称为模板。模板与其支撑体系组成模板系统。模板系统是一个临时架设的结构体系，其中模板是新浇混凝土成型的模具，它与混凝土直接接触使混凝土构件具有所要求的形状、尺寸和表面质量。支撑体系是指支撑模板，承受模板、构件及施工中各种荷载的作用，并使模板保持所要求的空间位置的临时结构。

对模板的基本要求有：第一，应保证混凝土结构和构件浇筑后的各部分形状与尺寸以及相互位置的准确性。第二，具有足够的稳定性、刚度及强度。第三，装拆方便，能够多次周转使用、形式要尽量做到标准化、系列化。第四，接缝应不易漏浆、表面要光洁平整。第五，所用材料受潮后不易变形[1]。

（一）模板的类型

（1）按模板形状分有平面模板和曲面模板。平面模板又称侧面模板，主要用于结构物垂直面，曲面模板用于廊道、隧洞、溢流面和某些形状特殊的部位，如进水口扭曲面、蜗壳、尾水管等。

（2）按模板材料分有木模板、竹模板、钢模板、混凝土预制模板、塑料模板、橡胶模板等。

（3）按模板受力条件分有承重模板和侧面模板。承重模板主要承受混凝土重量和施工中的垂直荷载。侧面模板主要承受新浇混凝土的侧压力。侧面模板按其支承受力方式，又分为简支模板、悬臂模板和半悬臂模板。

（4）按模板使用特点分有固定式、拆移式、移动式和滑动式。固定式用于形状特殊的部位，不能重复使用。后三种模板都能重复使用，或连续使用在形状一致的部位，但其使用方式有所不同：拆移式模板需要拆散移动；移动式模板的车架装有行走轮，可沿专用轨道使模板整体移动（如隧洞施工中的钢模台车）；滑动式模板是以千斤顶或卷扬机为动力，可在混凝土连续浇筑的过程中，使模板面紧贴混凝土面滑动（如闸墩施工中的滑模）。

1　李栋梁．水利施工中模板工程的施工技术探讨 [J]. 智能城市，2019，5（15）：173~174.

（二）模板施工程序

1. 模板安装

安装模板之前，应事先熟悉设计图纸，掌握建筑物结构的形状尺寸，并根据现场条件，初步考虑好立模及支撑的程序，以及与钢筋绑扎、混凝土浇捣等工序的配合，尽量避免工种之间的相互干扰。

模板的安装包括放样、立模、支撑加固、吊正找平、尺寸校核、堵设缝隙及清仓去污等工序。在安装过程中，应注意下述事项。

（1）模板竖立后，须切实校正位置和尺寸，垂直方向用垂球校对，水平长度用钢尺丈量两次以上，务使模板的尺寸符合设计标准。

（2）模板各结合点与支撑必须坚固紧密，牢固可靠，尤其是采用振捣器捣固的结构部位，更应注意，以免在浇捣过程中发生裂缝、鼓肚等不良情况。但为了增加模板的周转次数，减少模板拆模损耗，模板结构的安装应力求简便，尽量少用圆钉，多用螺栓、木楔、拉条等进行加固联结。

（3）凡属承重的梁板结构，跨度大于4m以上时，由于地基的沉陷和支撑结构的压缩变形，跨中应预留起拱高度，每米增高3mm，两边逐渐减少，至两端间原设计高程等高。

（4）为避免拆模时建筑物受到冲击或震动，安装模板时，撑柱下端应设置硬木楔形垫块，所用支撑不得直接支承于地面，应安装在坚实的桩基或垫板上，使撑木有足够的支承面积，以免沉陷变形。

（5）模板安装完毕，最好立即浇筑混凝土，以防日晒雨淋导致模板变形。为保证混凝土表面光滑和便于拆卸，宜在模板表面涂抹肥皂水或润滑油。夏季或在气候干燥情况下，为防止模板干缩裂缝漏浆，在浇筑混凝土之前，需洒水养护。如发现模板因干燥产生裂缝，应事先用木条或油灰填塞衬补。

（6）安装边墙、柱、闸墩等模板时，在浇筑混凝土以前，应将模板内的木屑、刨片、泥块等杂物清除干净，并仔细检查各联结点及接头处的螺栓、拉条、楔木等有无松动滑脱现象。在浇筑混凝土过程中，木工、钢筋、混凝土、架子等工种均应有专人“看仓”，以便发现问题随时加固修理。

（7）模板安装的偏差，应符合设计要求的规定，特别是对于通过高速水流，有金属结构及机电安装等部位，更不应超出规范的允许值。

2. 模板隔离剂

模板安装前或安装后，为防止模板与混凝土粘结在一起，便于拆模，应及时在模板的表面涂刷隔离剂。

3. 模板拆除

模板的拆除顺序一般是先非承重模板，后承重模板；先侧板，后底板。

（1）拆模期限

①不承重的侧模板在混凝土强度能保证混凝土表面和棱角不因拆模而受损害时方可拆模。一般此时混凝土的强度应达到 2.5MPa 以上。②承重模板应在混凝土达到下列强度以后方能拆除（按设计强度的百分率计）：第一，当梁、板、拱的跨度小于 2m 时，要求达到设计强度的 50%。第二，跨度为 2~5m 时，要求达到设计强度的 70%。第三，跨度为 5m 以上时，要求达到设计强度的 100%。第四，悬臂板、梁跨度小于 2m 为 70%；跨度大于 2m 为 100%。

（2）拆模的注意事项

模板拆除工作应注意以下事项[1]。其一，模板拆除工作应遵守一定的方法与步骤。拆模时要按照模板各结合点构造情况，逐块松卸。首先去掉扒钉、螺栓等连接铁件，然后用撬杠将模板松动或用木楔插入模板与混凝土接触面的缝隙中，以锤击木楔，使模板与混凝土面逐渐分离。拆模时，禁止用重锤直接敲击模板，以免使建筑物受到强烈震动或将模板毁坏。其二，拆卸拱形模板时，应先将支柱下的木楔缓慢放松，使拱架徐徐下降，避免新拱因模板突然大幅度下沉而担负全部自重，并应从跨中点向两端同时对称拆卸。拆卸跨度较大的拱模时，则需从拱顶中部分段分期向两端对称拆卸。其三，尚空拆卸模板时，不得将模板自高处摔下，而应用绳索吊卸，以防砸坏模板或发生事故。其四，当模板拆卸完毕后，应将附着在板面上的混凝土砂浆洗凿干净，损坏部分需加修整，板上的圆钉应及时拔除（部分可以回收使用），以免刺脚伤人。卸下的螺栓应与螺帽、垫圈等拧在一起，并加黄油防锈。扒钉、铁丝等物均应收捡归仓，不得丢失。所有模板应按规格分放，妥加保管，以备下次立模周转使用。其五，对于大体积混凝土，为了防止拆模后混凝土表面温度骤然下降而产生表面裂缝，应考虑外界温度的变化而确定拆模时间，并应避免早、晚或夜间拆模。

二、混凝土施工

（一）钢筋工程

钢筋混凝土施工是水利工程施工中的重要组成部分，它在水利工程中的施工主要分骨料及钢筋的材料加工、混凝土拌制、运输、浇筑、养护等几个重要方面。

1. 钢筋的检验与储存技术要点

在水利工程施工过程中，如果发现施工材料的手续与水利工程施工要求不符，或者是没有出厂合格证，这批货量不清楚，也没有验收检测报告等，一定要严禁使用这样的施工材料。在水利工程钢筋施工中必须做好钢筋的检验与存储工作，同时要经过试验、检查，如果都没有问题，说明是合格的钢筋，才可以用。与此同时，还要把与

1 王海雷，王力，李忠才 . 水利工程管理与施工技术 [M]. 北京：九州出版社，2018.

钢筋相关的施工材料合理有序地放在材料仓库中。如果没有存储施工材料的仓库，要把钢筋施工材料堆放在比较开阔、平坦的露天场地，最好是一目了然的地方。另外，在堆放钢筋材料的地方以及周围，要有适当的排水坡。如果没有排水坡，要挖掘出适当的排水沟，以便排水。在钢筋垛的下面，还要适当铺一些木头，钢筋和地面之间的距离要超过 20cm。除此之外，还要建立一个钢筋堆放架，它们之间要有 3m 左右的间隔距离，钢筋堆放架可以用来堆放钢筋施工材料。

2. 钢筋的连接技术要点

（1）钢筋的连接方式主要有绑扎搭接、机械连接以及焊接等。一定要把钢筋的接头合理地接在受力最小的地方，而且，在同一根钢筋上还要尽量减少接头。同时，要按照我国当前的相关规范的规定，确保机械焊接接头和连接接头的类型及质量。

（2）在轴心受拉的情况下，钢筋不能采用绑扎搭接接头。

（3）同一构件中，相邻纵向受力钢筋的绑扎搭接接头，应该相互错开。

（二）模板工程

模板安装与拆卸是模板施工工程的重要环节，在进行模板工程施工的时候应该重点对其进行控制。另外，还应当对施工原料的性能、品质进行全面的掌握，明确模板施工的要求。

1. 模板工程施工中的常见问题

模板工程施工中常见的问题主要有以下几类：板材选择不符合标准，板材质量不合格，影响了混凝土的凝结和成型；模板安装没有按照相关的图纸标准进行，结构安装有问题，位置安装不到以及模板稳定性弱；模板拆卸时间选择不恰当，拆卸过程中影响到了混凝土的质量，模板拆卸之前准备与检查工作不全面。模板工程施工出现的上述问题一直困扰和影响着模板工程施工质量控制与工期管理，并给后期水利工程的使用和维护保养留下了隐患，影响了水利工程的使用。

2. 模板工程施工工艺技术

模板工程的施工工艺技术分类可从板材、安装、拆卸等几个方面来进行说明。在实际施工过程中，只要能够对主要的几个工艺技术进行掌握和控制，就能够以较高的品质完成模板工程施工。

（1）模板要求与设计

模板工程施工对模板特性有着较高的要求，首先应当保障模板具有较强的耐久性和稳定性，能够应对复杂的施工环境，不会被气象条件以及施工中的磕碰所影响。最重要的是，模板必须保证在混凝土浇筑完成之后，自身的尺寸不会发生较大的变形，影响混凝土浇筑质量和成型。在混凝土施工过程中，恶劣的天气、多变的空气条件以及混凝土本身的变化都会对模板有影响，因此要求模板板材必须是低活性的，不会与空气、水、混凝土材料发生锈蚀、腐蚀等反应。由于模板是重复使用的，所以还要求模板具有较强的适应性，能够应用于各类混凝土施工。模板板材的形状特点、外观尺寸对混凝土浇筑有着较大的影响，所以模板的选择是模板工程施工的第一要素。模板的设计则按照施工要求和混凝土浇筑状况进行，模板设计与现场地形勘察是分不开的，模板设置要求符合地形勘测，模板结构稳定，便于模板安装与拆除、混凝土浇筑工作的开展。

（2）板材分类

模板按照外观形状和板材材料、使用原理可以分为不同的种类。一般按照板材外观形状分类，模板分为曲面模板和平面模板两种类型，不同类型的模板用于不同类型的混凝土施工。例如曲面模板，一般用于隧道、廊道等曲面混凝土浇筑的施工当中。而按照板材材料进行分类，模板则可以被分为很多种类型，如由木料制成则称为木模板，由钢材制成则称为钢模板。

按照使用原理进行分类，模板可分为承重模板和侧面模板两种类型。侧面模板按照支撑方式和使用特点可以被划分为更多类型的模板，不同的模板使用原理和使用对象也各有差异。一般来讲，模板都是重复使用的，但是某些用于特殊部位的模板却是一次性使用，例如用于特殊施工部位的固定式侧面模板。拆移式、滑动式和移动式侧面模板一般都是可以重复利用的。滑动式侧面模板可以进行整体移动，能够用于连续性和大跨度的混凝土浇筑，而拆移式侧面模板则不能够进行整体移动。

（3）模板安装

模板安装的关键在于技术工人对模板设计图纸的掌握以及技艺的熟练程度。模板安装必须保障钢筋绑扎和混凝土浇筑工作的协调性和配合性，避免各类施工发生矛盾和冲突。在模板安装中应当注意以下几点。

1）模板投入使用后必须对其进行校正，校正次数在两次及以上，多次校正能够保障模板的方位以及大小的准确度，保障后续施工顺利进行。

2）保障模板接洽点之间的稳固性，避免出现较为明显的接洽点缺陷。尤其要重视混凝土振捣位置的稳定性和可靠性，充分保障混凝土振捣的准确性和振捣顺利进行，有效避免振捣不善引起的混凝土裂缝问题。

3）严格控制模板支撑结构的安装，保障其具备强大的抗冲击能力。在施工过程中，工序复杂、施工类目繁多，不可避免地给模板造成了冲击力，因此模板需要具备较强的抗冲击力。可以在模板支撑柱下方设置垫板以增加受力面积，减少支撑柱摇晃。

（4）模板拆卸

1）模板的拆卸必须严格按照施工设计进行。拆卸前需要做好充足的准备工作。首先对混凝土的成型进行严格的检查，查看其凝固程度是否符合拆卸要求，对模板结构进行全方位的检查，确定使用何种拆卸方式。一般来讲，模板的拆卸都会使用块状拆卸法进行。块状拆卸的优势在于：它符合混凝土成型的特点，不容易对混凝土表面和结构造成损害，块状拆卸的难度比较低，拆卸速度也更快。拆卸前必须准备好拆卸所使用的工具和机械，保障拆卸器具所有功能能够正常使用。拆卸中，首先对螺栓等连接件进行拆卸，然后对模板进行松弛处理，方便整体拆卸工作的进行。

2）对于拱形模板，应当先拆除支撑柱下方位置的木楔，这样可以有效防止拱架快速下滑造成施工事故。

（三）混凝土配合比设计

混凝土配合比是指混凝土中各组成材料（水泥、水、砂、石）用量之间的比例关系。常用的表示方法有两种：①以每立方米混凝土中各项材料的质量表示，如水泥 300kg、水 180kg、砂 720kg、石子 1200kg。②以水泥质量为 1 的各项材料相互间的质量比及水灰比来表示，将上例换算成质量比为水泥 : 砂 : 石 =1:2.4:4，水灰比 =0.60。

1. 混凝土配合比设计的基本要求

设计混凝土配合比的任务，就是要根据原材料的技术性能及施工条件，确定出能满足工程所要求的各项技术指标并符合经济原则的各项组成材料的用量。混凝土配合比设计的基本要求是：

（1）满足混凝土结构设计所要求的强度等级；

（2）满足施工所要求的混凝土拌合物的和易性；

（3）满足混凝土的耐久性（如抗冻等级、抗渗等级和抗侵蚀性等）；

（4）在满足各项技术性质的前提下，使各组成材料经济合理，尽量做到节约水泥和降低混凝土成本。

2. 混凝土配合比设计的三个参数

（1）水灰比

水灰比是混凝土中水与水泥质量的比值，是影响混凝土强度和耐久性的主要因素。其确定原则是在满足强度和耐久性的前提下，尽量选择较大值，以节约水泥。

（2）砂率

砂率是指砂子质量占砂、石总质量的百分率。砂率是影响混凝土拌合物和易性的重要指标。砂率的确定原则是在保证混凝土拌合物黏聚性和保水性要求的前提下，尽量取小值。

（3）单位用水量

单位用水量是指 1m^3 混凝土的用水量，反映混凝土中水泥浆与骨料之间的比例关系。在混凝土拌合物中，水泥浆的多少显著影响混凝土的和易性，同时也影响强度和耐久性。其确定原则是在达到流动性要求的前提下取较小值。

第四节 水利爆破与砌筑工程施工技术

一、爆破工程施工

我国是黑火药的诞生地，也是世界上爆破工程发展最早的国家。火药的发明，为人类社会的发展起到了巨大的推动作用。工程爆破是随着火药而产生的一门新技术。随着社会发展和科技进步，爆破技术发展迅速并渐趋成熟，其应用领域也在不断扩大。爆破已广泛应用于矿山开采、建筑拆迁、道路建设、水利水电、材料加工以及植树造林等众多工程与生产领域。

在进行水利水电工程施工时，通常都要进行大量的土石方开挖，爆破则是最常用的施工方法之一。爆破是利用工业炸药爆炸时释放的能量，使炸药周围的一定范围内的土石破碎、抛掷或松动。因此，在施工中常用爆破的方式来开挖基坑和地下建筑物所需要的空间，如山体内设置的水电站厂房、水工隧洞等。也可以运用一些特殊的工程爆破技术来完成某些特定的施工任务，如定向爆破筑坝、水下岩塞爆破和边界控制爆破等。

（一）爆破的常用方法

1. 裸露爆破法

裸露爆破法又称表面爆破法，系将药包直接放置于岩石的表面进行爆破。

药包放在块石或孤石的中部凹槽或裂隙部位，体积大于 $1m^3$ 的块石，药包可分数处放置，或在块石上打浅孔或浅穴破碎。为提高爆破效果，表面药包底部可做成集中爆力穴，药包上护以草皮或是泥土沙子，其厚度应大于药包高度或以粉状炸药敷 30cm 厚。用电雷管或导爆索起爆。

不需钻孔设备，操作简单迅速，但炸药消耗最大（比炮孔法多 3~5 倍），破碎岩石飞散较远。

适于地面上大块岩石、大孤石的二次破碎及树根、水下岩石与改建工程的爆破。

2. 浅孔爆破法

浅孔爆破法系在岩石上钻直径 25~50mm、深 0.5~5m 的圆柱形炮孔，装延长药包进行爆破。

浅孔爆破法不需复杂钻孔设备；施工操作简单，容易掌握；炸药消耗量少，飞石距离较近，岩石破碎均匀，便于控制开挖面的形状和尺寸，可在各种复杂条件下施工，在爆破作业中被广泛采用。但爆破量较小，效率低，钻孔工作量大。适于各种地形和施工现场比较狭窄的工作面上作业，如基坑、管沟、渠道、隧洞爆破或用于平整边坡、开采岩石、松动冻土以及改建工程拆除控制爆破[1]。

3. 深孔爆破法

深孔爆破法系将药包放在直径75~270mm、深5~30m的圆柱形深孔中爆破。爆破前宜先将地面爆呈倾角大于55°的阶梯形，作垂直、水平或倾斜的炮孔。钻孔用轻、中型露天潜孔钻。

深孔爆破法单位岩石体积的钻孔量少，耗药量少，生产效率高，一次爆落石方量多，操作机械化，可减轻劳动强度。适用于料场、深基坑的松爆，场地整平以及高阶梯中型爆破各种岩石。

4. 药壶爆破法

药壶爆破法又称葫芦炮、坛子炮，系在炮孔底先放入少量的炸药，经过一次至数次爆破，扩大呈近似圆球形的药壶，然后装入一定数量的炸药进行爆破，爆破前，地形宜先造成较多的临空面，最好是立崖和台阶。

每次爆扩药壶后，须间隔20~30min。扩大药壶用小木柄铁勺掏渣或用风管通入压缩空气吹出。当土质为黏土时，可以压缩，不需出渣。药壶法一般宜与炮孔法配合使用，以提高爆破效果。

药壶爆破法一般宜用电力起爆，并应敷设两套爆破路线；如用火花起爆，当药壶深在3~6m，应设两个火雷管同时点爆。药壶爆破法可减少钻孔工作量，可多装药，炮孔较深时，将延长药包变为集中药包，大大提高爆破效果。但扩大药壶时间较长，操作较复杂，破碎的岩石块度不够均匀，对坚硬岩石扩大药壶较困难，不能使用。适用于露天爆破阶梯高度3~8m的软岩石和中等坚硬岩层；坚硬或节理发育的岩层不宜采用。

5. 洞室爆破法

洞室爆破又称大爆破，其炸药装入专门开挖的洞室内，洞室与地表则以导洞相连，一个洞室爆破往往有数个、数十个药包，装药总量可高达数百、数千乃至逾万吨，在水利水电工程施工中，坝基开挖不宜采用洞室爆破。洞室爆破主要用于定向爆破筑坝，当条件合适时也可用于料场开挖和定向爆破堆石截流。

（二）爆破施工程序

水利工程施工中一般多采用炮眼法爆破，其施工程序大体为：炮孔位置选择、钻孔、制作起爆药包、装药与堵塞、起爆等。

1. 炮孔位置选择

选择炮孔位置时应注意以下几点。第一，炮孔方向尽量不要与最小抵抗线方向重合，以免产生冲天炮。第二，充分利用地形或利用其他方法增加爆破的临空面，提高爆破效果。第三，炮孔应尽量垂直于岩石的层面、节理与裂隙，且不要穿过较宽的裂缝以免漏气。

1　王中华．水利工程施工爆破技术要点[J]．建筑工程技术与设计，2018（32）：169.

2. 钻孔

（1）人工打眼

人工打眼仅适用于钻设浅孔。人工打眼有单人打眼、双人打眼等方法。打眼的工具有钢杆、铁锤和掏勺等。

（2）风钻打眼

风钻是风动冲击式凿岩机的简称，在水利工程中使用最多。风钻按其应用条件及架持方法，可分为手持式、柱架式和伸缩式等。风钻用空心钻钎送入压缩空气将孔底凿碎的岩粉吹出，叫作干钻；用压力水将岩粉冲出叫作湿钻。国家规定地下作业必须使用湿钻以减少粉尘，保护工人身体健康。

（3）潜孔钻

潜孔钻是一种回转冲击式钻孔设备，其工作机构（冲击器）直接潜入炮孔内进行凿岩，故名潜孔钻。潜孔钻是先进的钻孔设备，它的工效高，构造简单，在大型水利工程中被广泛采用。

3. 制作起爆药包

（1）火线雷管的制作

将导火索和火雷管连接在一起，叫火线雷管。制作火线雷管应在专用房间内，禁止在炸药库、住宅、爆破工点进行。制作的步骤为：①检查雷管和导火索；②按照需要长度，用锋利小刀切齐导火索，最短导火索不应少于 60cm；③把导火索插入雷管，直到接触火帽为止。不要猛插和转动；④用铰钳夹夹紧雷管口（距管口 5mm 以内），固定时，应使该钳夹的侧面与雷管口相平，如无铰钳夹，可用胶布包裹，严禁用嘴咬；⑤在接合部包上胶布防潮，当火线雷管不马上使用时，导火索点火的一端也应包上胶布。

（2）电雷管检查

对于电雷管应先作外观检查，把有擦痕、生锈、铜绿、裂隙或其他损坏的雷管剔除，再用爆破电桥或小型欧姆计进行电阻及稳定性检查。为了保证安全，测定电雷管的仪表输出电流不得超过 50mA。如发现有不导电的情况，应作为不良的电雷管处理。然后把电阻相同或电阻差不超过 0.25Ω 的电雷管放置在一起，以备装药时串联在一条起爆网路上。

（3）制作起爆药包

起爆药包只许在爆破工点于装药前制作该次所需的数量。不得先作成成品备用。制作好的起爆药包应小心妥善保管，不得震动，亦不得抽出雷管。

4. 装药、堵塞与起爆

（1）装药

在装药前首先了解炮孔的深度、间距、排距等，由此决定装药量。根据孔中是否有水决定药包的种类或炸药的种类，同时还要清除炮孔内的岩粉和水分。在干孔内可装散药或药卷。在装药前，先用硬纸或铁皮在炮孔底部架空，形成聚能药包。炸药要分层用木棍压实，雷管的聚能穴指向孔底，雷管装在炸药全长的中部偏上处。在有水炮孔中装吸湿炸药时，注意不要将防水包装捣破，以免炸药受潮而拒爆。当孔深较大时，药包要用绳子吊下，不允许直接向孔内抛投，以免发生爆炸危险。

（2）堵塞

装药后即进行堵塞。对堵塞材料的要求是：与炮孔壁摩擦作用大，材料本身能结成一个整体，充填时易于密实，不漏气。可用 1:2 的黏土粗砂堵塞，堵塞物要分层用木棍压实。在堵塞过程中，要注意不要将导火线折断或破坏导线的绝缘层。

上述工序完成后即可进行起爆。

二、砌筑工程施工

（一）砌石工程

1. 干砌石

干砌石是指不用任何胶凝材料把石块砌筑起来，包括干砌块（片）石、干砌卵石。一般用于土坝（堤）迎水面护坡、渠系建筑物进出口护坡及渠道衬砌、水闸上下游护坦、河道护岸等工程[1]。

（1）砌筑前的准备工作

1）备料。在砌石施工中为缩短场内运距，避免停工待料，砌筑前应尽量按照工程部位及需要数量分片备料，并提前将石块的水锈、淤泥洗刷干净。

2）基础清理。砌石前应将基础开挖至设计高程，淤泥、腐殖土以及混杂的建筑残渣应清除干净，必要时将坡面或底面夯实，然后才能进行铺砌。

3）铺设反滤层。在干砌石砌筑前应铺设砂砾反滤层，其作用是将块石垫平，不致使砌体表面凹凸不平，减少其对水流的摩阻力；减少水流或降水对砌体基础土壤的冲刷；防止地下渗水逸出时带走基础土粒，避免砌筑面下陷变形。

反滤层的各层厚度、铺设位置，材料级配和粒径以及含泥量均应满足规范要求，铺设时应与砌石施工配合，自下而上，随铺随砌，接头处各层之间的连接要层次清楚，防止层间错动或混淆。

（2）常用干砌石施工方法

常采用的干砌块石的施工方法有两种，即花缝砌筑法和平缝砌筑法。

1）花缝砌筑法。花缝砌筑法多用于干砌片（毛）石。砌筑时，依石块原有形状，使尖对拐、拐对尖，相互联系砌成。砌石不分层，一般多将大面向上。这种砌法的缺点是底部空虚，容易被水流淘刷变形，稳定性较差，且不能避免重缝、迭缝、翘口等毛病。但此法优点是表面比较平整，故可用于流速不大、不承受风浪淘刷的渠道护坡工程。

1　钟汉华，冷涛．水利水电工程施工技术 [M]. 北京：中国水利水电出版社，2010.

2）平缝砌筑法。平缝砌筑法一般多适用于干砌块石的施工。砌筑时将石块宽面与坡面竖向垂直，与横向平行。砌筑前，安放一块石块必须先进行试放，不合适处应用小锤修整，使石缝紧密，最好不塞或少塞石子。这种砌法横向设有通缝，但竖向直缝必须错开。如砌缝底部或块石拐角处有空隙时，则应选用适当的片石塞满填紧，以防止底部砂砾垫层由缝隙淘出，造成坍塌。

干砌块石是依靠块石之间的摩擦力来维持其整体稳定的。若砌体发生局部移动或变形，将会导致整体破坏。边口部位是最易损坏的地方，所以，封边工作十分重要。对护坡水下部分的封边，常采用大块石单层或双层干砌封边，然后将边外部分用黏土回填夯实，有时也可采用浆砌石埂进行封边。对护坡水上部分的顶部封边，则常采用比较大的方正块石砌成40cm左右宽度的平台，平台后所留的空隙用黏土回填夯实。对于挡土墙、闸翼墙等重力式墙身顶部，一般用混凝土封闭。

2. 浆砌石

浆砌石是用胶结材料把单个的石块连接在一起，使石块依靠胶结材料的黏结力、摩擦力和块石本身重量结合成为新的整体，以保持建筑物的稳固，同时，充填着石块间的空隙，堵塞了一切可能产生的漏水通道。浆砌石具有良好的整体性、密实性和较高的强度，使用寿命更长，还具有较好的防止渗水和抵抗水流冲刷的能力。

浆砌石施工的砌筑要领可概括为“平、稳、满、错”四个字：平，同一层面大致砌平，相邻石块的高差宜小于2~3cm；稳，单块石料的安砌务求自身稳定；满，灰缝饱满密实，严禁石块间直接接触；错，相邻石块应错缝砌筑，尤其不允许顺水流方向通缝。

（1）砌筑工艺

1）铺筑面准备。对开挖成形的岩基面，在砌石开始之前应将表面已松散的岩块剔除，具有光滑表面的岩石须人工凿毛，并清除所有岩屑、碎片、泥沙等杂物。土壤地基按设计要求处理。对于水平施工缝，一般要求在新一层块石砌筑前凿去已凝固的浮浆，并进行清扫、冲洗，使新旧砌体紧密结合。对于临时施工缝，在恢复砌筑时，必须进行凿毛、冲洗处理。

2）选料。砌筑所用石料，应是质地均匀，没有裂缝，没有明显风化迹象，不含杂质的坚硬石料。严寒地区使用的石料，还要求具有一定的抗冻性。

3）铺（座）浆。对于块石砌体，由于砌筑面参差不齐，必须逐块座浆、逐块安砌，在操作时还须认真调整，务使座浆密实，以免形成空洞。座浆一般只宜比砌石超前0.5~1m，座浆应与砌筑相配合。

4）安放石料。把洗净的湿润石料安放在座浆面上，用铁锤轻击石面，使座浆开始溢出为度。石料之间的砌缝宽度应严格控制，采用水泥砂浆砌筑时，块石的灰缝厚度一般为2~4cm，料石的灰缝厚度为0.5~2cm，采用小石混凝土砌筑时，一般为所用骨料最大粒径的2~2.5倍。安放石料时应注意，不能产生细石架空现象。

5）竖缝灌浆。安放石料后，应及时进行竖缝灌浆。一般灌浆与石面齐平，水泥砂浆用捣插棒捣实，小石混凝土用插入式振捣器振捣，振实后缝面下沉，待上层摊铺座浆时一并填满。

6）振捣。水泥砂浆常用捣棒人工插捣，小石混凝土一般采用插入式振动器振捣。应注意对角缝的振捣，防止重振或漏振。每一层铺砌完 24~36h 后（视气温及水泥种类、胶结材料强度等级而定），即可冲洗，准备上一层的铺砌。

（2）浆砌石施工

1）基础砌筑。基础施工应在地基验收合格后方可进行。基础砌筑前，应先检查基槽（或基坑）的尺寸和标高，清除杂物，接着放出基础轴线及边线。

砌第一层石块时，基底应座浆。对于岩石基础，座浆前还应洒水湿润。第一层使用的石块尽量挑大一些的，这样受力较好，并便于错缝。石块第一层都必须大面向下放稳，以脚踩不动即可。不要用小石块来支垫，要使石面平放在基底上，使地基受力均匀基础稳固。选择比较方正的石块，砌在各转角上，称为角石，角石两边应与准线相合。角石砌好后，再砌里、外面的石块，称为面石；最后砌填中间部分，称为腹石。砌填腹石时应根据石块自然形状交错放置，尽量使石块间缝隙最小，再将砂浆填入缝隙中，最后根据各缝隙形状和大小选择合适的小石块放入用小锤轻击，使石块全部挤入缝隙中。禁止采用先放小石块后灌浆的方法。

接砌第二层以上石块时，每砌一块石块，应先铺好砂浆，砂浆不必铺满、铺到边，尤其在角石及面石处，砂浆应离外边约 4.5cm，并铺得稍厚一些，当石块往上砌时，恰好压到要求厚度，并刚好铺满整个灰缝。灰缝厚度宜为 20~30mm，砂浆应饱满。阶梯形基础上的石块应至少压砌下级阶梯的 1/2，相邻阶梯的块石应相互错缝搭接。基础的最上一层石块，宜选用较大的块石砌筑。基础的第一层及转角处和交接处，应选用较大的块石砌筑。块石基础的转角及交接处应同时砌起。如不能同时砌筑又必须留置时，应砌成斜槎。

块石基础每天可砌高度不应超过 4.2m。在砌基础时还必须注意不能在新砌好的砌体上抛掷块石，这会使已黏在一起的砂浆与块石受振动而分开，影响砌体强度。

2）挡土墙。砌筑块石挡土墙时，块石的中部厚度不宜小于 20cm；每砌 3~4 皮毛石为一分层高度，每个分层高度应找平一次；外露面的灰缝厚度，不得大于 4cm，两个分层高度间的错缝不得小于 8cm。

料石挡土墙宜采用同皮内丁顺相间的砌筑形式。当中间部分用块石填筑时，丁砌料石伸入块石部分的长度应小于 20cm。

3）桥、涵拱圈。浆砌拱圈一般选用小跨度的单孔桥拱、涵拱施工，施工方法及步骤如下。①拱圈石料的选择。拱圈的石料一般为经过加工的料石，石块厚度不应小于 15cm。石块的宽度为其厚度的 1.5~2.5 倍，长度为厚度的 2~4 倍，拱圈所用的石料应凿成楔形（上宽下窄），如不用楔形石块时，则应用砌缝宽度的变化来调整拱度，但砌缝厚薄相差最大不应超过 1cm，每一石块面应与拱压力线垂直。因此拱圈砌体的方向应对准拱的中心；②拱圈的砌缝。浆砌拱圈的砌缝应力求均匀，相邻两行拱石的平缝应相互错开，其相错的距离不得小于 10cm。砌缝的厚度决定于所选用的石料，选用细料石，其砌缝厚度不应大于 1cm；选用粗料石，砌缝不应大于 2cm；③拱圈的砌筑程序与方法。拱圈砌筑之前，必须先做好拱座。为了使拱座与拱圈结合好，须用起拱石。起拱石与拱圈相接的面，应与拱的压力线垂直。当跨度在 10m 以下时，拱圈的砌筑一般应沿拱的全长和全厚，同时由两边起拱石对称地向拱顶砌筑；当跨度大于 10m 以上时，则拱圈砌筑应采用分段法进行。分段法是把拱圈分为数段，每段长可根据拱长来决定，一般每段长 3~6m。各段依一定砌筑顺序进行，以达到使拱架承重均匀和拱架变形最小的目的。拱圈各段的砌筑顺序是：先砌拱脚，再砌拱顶，然后砌 1/4 处，最后砌其余各段。砌筑时一定要对称于拱圈跨中央。各段之间应预留一定的空缝，防止在砌筑中拱架变形面产生裂缝，待全部拱圈砌筑完毕后，再将预留空缝填实。

（二）砌砖工程

1. 施工准备工作

（1）砖的准备

在常温下施工时，砌砖前一天应将砖浇水湿润，以免砌筑时因干砖吸收砂浆中大量的水分，使砂浆的流动性降低，砌筑困难，并影响砂浆的粘结力和强度。但也要注意不能将砖浇得过湿而使砖不能吸收砂浆中的多余水分，影响砂浆的密实性、强度和粘结力，而且还会产生堕灰和砖块滑动现象，使墙面不洁净，灰缝不平整，墙面不平直。施工中可将砖砍断，检查吸水深度，如吸水深度达到 10~20mm，即认为合格。砖不应在脚手架上浇水，若砌筑时砖块干燥，可用喷壶适当补充浇水。

（2）砂浆的准备

砂浆的品种、强度等级必须符合设计要求，砂浆的稠度应符合规定。拌制中应保证砂浆的配合比和稠度，运输中不漏浆、不离析，以保证施工质量。

（3）施工工具准备

砌筑工工具主要有以下几种。①大铲，铲灰、铺灰与刮灰用。大铲分为桃形、长方形、长三角形三种；②瓦刀（泥刀），用于打砖、打灰条（即披灰缝）、披满口灰及铺瓦；③刨锛。打砖用；④靠尺板（托线板）和线锤。检查墙面垂直度用。常用托线板的长度为 1.2~1.5m；⑤皮数杆。砌筑时用于标志砖层、门窗、过梁、开洞及埋件标志的工具。此外还应准备麻线、米尺、水平尺和小喷壶。

2. 砌筑施工

（1）砖基础施工

砖基础一般做成阶梯形的大放脚。砖基础的大放脚通常采用等高式或间隔式两种。等高式是每两皮一收，每次收进 1/4 砖长，即高为 120mm，宽为 60mm。间隔式是二皮一收与一皮一收相间隔，每次收进 1/4 砖长，即高为 120mm 与 60mm，宽为 60mm。

砖基础砌筑要点：第一，砖基础砌筑前，应先检查垫层施工是否符合质量要求，然后清扫垫层表面，将浮土及垃圾清除干净。第二，从两端龙门板轴线处拉上麻线，从麻线上挂下线锤，在垫层上锤尖处打上小钉，引出墙身轴线，而后向两边放出大放脚的底边线。第三，在垫层转角、内外墙交接及高低踏步处预先立好基础皮数杆，基础皮数杆上应标明皮数、退台情况及防潮层位置等。第四，砌基础时可依皮数杆先砌几层转角及交接处部分的砖，然后在其间拉准线砌中间部分。内外墙砖基础应同时砌起，如因其他情况不能同时砌起时，应留置斜槎，斜槎的长度不得小于高度的 2/3。第五，大放脚一般采用一顺一丁砌法，竖缝要错开，要注意十字及丁字接头处砖块的搭接，在这些交接处，纵横墙要隔皮砌通，大放脚的最下一皮及每层的上面一皮应以丁砌为主。第六，若砖基础不在同一深度，则应先由下往上砌筑，在砖基础高低台阶接头处，下面台阶要砌一定长度（一般不小于 50cm）实砌体，砌到上面后和上面的砖一起退台。第七，大放脚砌到最后一层时，应从龙门板上拉麻线将墙身轴线引下，以保证最后一层位置正确。第八，砖基础中的洞口、管道、沟槽和预埋件等，应于砌筑时正确留出或预埋，宽度超过 50cm 的洞口，其上方应砌筑平拱或设过梁。第九，砌完砖基础后，应立即回填土，回填土要在基础两侧同时进行，并分层夯实。

（2）砖墙砌筑

砖砌体的组砌，要求上下错缝，内外搭接，以保证砌体的整体性，同时组砌要有规律，少砍砖，以提高砌筑效率，节约材料，在砌筑时根据需要打砍的砖，按其尺寸不同可分为“七分头”“半砖”“二寸头”“二寸条”等。砌入墙内的砖，由于放置位置不同，又分为卧砖（也称顺砖或眠砖）、陡砖（也称侧砖）、立砖以及顶砖。水平方向的灰缝叫卧缝，垂直方向的灰缝叫立缝（头缝）。

（3）砖过梁砌筑

1）钢筋砖过梁。钢筋砖过梁称为平砌配筋砖过梁。它适用于跨度不大于 2m 的门窗洞口。窗间墙砌至洞口顶标高时，支搭过梁胎模。支模时，应让模板中间起拱 0.5%~1.0%，将支好的模板润湿，并抹上厚 20mm 的 M10 砂浆，同时把加工好的钢筋埋入砂浆中，钢筋 90° 弯钩向上，并将砖块卡砌在 90° 弯钩内。钢筋伸入墙内 240mm 以上，从而将钢筋锚固于窗间墙内，最后与墙体同时砌筑。

2）平拱砖过梁。平拱砖过梁又称平拱、平碹。它是用整砖侧砌而成，拱的厚度与墙厚一致，拱高为一砖或一砖半。外规看来呈梯形，上大下小，拱脚部分伸入墙内 2~3cm，多用于跨度为 1.2m 以下，最大跨度不超过 1.8m 的门窗洞口。

平拱砖过梁的砌筑方法是：当砌砖砌至门窗洞口时，即开始砌拱脚，拱脚用砖事先砍好，砌第一皮拱脚时后退 2~3cm，以后各皮按砍好砖的斜面向上砌筑，砖拱厚为一砖时倾斜 4~5cm，一砖半为 6~7cm，斜度为$\frac{1}{6}$—$\frac{1}{4}$。

拱脚砌好后，即可支碹胎板，上铺湿砂，中部厚约 2cm，两端约 0.5cm，使平拱中部有 1% 的起拱。砌砖前要先行试摆，以确定砖数和灰缝大小。砖数必须是单数，灰缝底宽 0.5cm，顶宽 1.5cm，以保证平拱砖过梁上大下小呈梯形，受力好。

砌筑应自两边拱脚处同时向中间砌筑，正中一块砖可起楔子作用。

砌好后应进行灰缝灌浆以使灰浆饱满。待砂浆强度达到设计强度等级的 50% 以上时，方可拆除下部碹胎板。

3. 砖墙面勾缝

砖墙面勾缝前，应做下列准备工作：①清除墙面上粘结的砂浆、泥浆和杂物等，并洒水润湿。②开凿瞎缝，并对缺棱掉角的部位用与墙面相同颜色的砂浆修补平整。③将脚手眼内清理干净并洒水润湿，用与原墙相同的砖补砌严密。

砖墙面勾缝一般采用 1:1.5 水泥砂浆（水泥 : 细砂），也可用砌筑砂浆，随砌随勾。勾缝形式有平缝、斜缝、凹缝等。凹缝深度一般为 4~5mm；空斗墙勾缝应采用平缝。墙面勾缝应横平竖直、深浅一致、搭接平整并压实抹光，不得有丢缝、开裂和粘结不牢等现象。勾缝完毕后，应清扫墙面。

第三章

水利工程施工组织管理及质量控制

第一节 水利工程施工组织设计

水利水电工程建设是国家基本建设的一个组成部分，组织工程施工是实现水利水电建设的重要环节。工程项目的施工是一项多工种、多专业的复杂的系统工程，要使施工全过程顺利进行，以期达到预定的目标，就必须用科学的方法进行施工管理。

一、施工组织设计的编制步骤和主要内容

可行性研究阶段施工组织设计、初步设计阶段施工组织设计、施工招标阶段的施工组织设计、施工阶段的施工组织设计四阶段施工组织设计中，由于初步设计阶段施工组织的内容要求最为全面、各专业之间的设计联系最为密切，因此下面着重说明初步设计阶段的编制步骤和主要内容。

（一）初步设计阶段的编制步骤

（1）根据枢纽布置方案，分析研究坝址施工条件，进行导流设计和施工总进度的安排，编制出控制性进度表。

（2）提出控制性进度之后，各专业根据该进度提供的指标进行设计，并为下一道工序提供相关资料。单项工程进度是施工总进度的组成部分，与施工总进度之间是局部与整体的关系，其进度安排不能脱离总进度的指导，同时它又能检验编制施工总进度是否合理可行，从而为调整、完善施工总进度提供依据。

（3）施工总进度优化后，计算提出分年度的劳动力需要量、最高人数和总劳动力量，计算主要建材材料总量及分年度供应量、主要施工机械设备需要总量及分年度供

应数量。

（4）进行施工方案设计和比选。施工方案是指选择施工方法、施工机械、工艺流程、施工工艺、划分施工段。在编制施工组织设计时，需要经过比选才能确定最终的施工方案。

（5）进行施工布置。是指对施工现场进行分区设置，确定生产、生活设施、交通线路的布置。

（6）提出技术供应计划。是指人员、材料、机械等施工资料的供应计划。

（7）对上述各阶段的成果编制说明书。

（二）初步设计阶段的主要内容

总体说来，施工组织总设计主要包括施工方案、施工总进度、施工总体布置、技术供应四部分。①施工总进度主要研究合理的施工期限和在既定条件下确定主体工程施工分期及施工程序，在施工安排上使各施工环节协调一致。②施工总体布置根据选定的施工总进度，研究施工区的空间组织问题，是施工总进度的重要保证。施工总进度决定施工总体布置的内容和规模，施工总体布置的规模，影响准备工程工期的长短和主体工程施工进度。因此，施工总体布置在一定条件下又起到验证施工总进度合理性的作用。③在拟订施工总进度的前提下选定施工方案，将施工方案在总体上布置合理，施工方案的合理与否，将影响工程受益时间和工程总工期。④技术供应的总量及分年度供应量，由既定的总进度和总体布置所确定，而技术供应的现实性与可靠性是实现总进度、总体布置的物质保证，从而验证二者的合理性。

具体说来施工组织文件的主要内容一般包括：施工条件分析、施工导流、主体工程施工、施工总进度、施工交通运输、施工工厂设施、施工总布置、主要技术供应等内容。

1. 施工条件分析

施工条件包括工程条件、自然条件、物质资源供应条件以及社会经济条件等，主要有：

（1）工程所在地点，对外交通运输，枢纽建筑物及其特征。

（2）地形、地质、水文、气象条件，主要建筑材料来源和供应条件。

（3）当地水源、电源情况，施工期间通航、过木、过鱼、供水、环保等要求。

（4）对工期、分期投产的要求。

（5）施工用地、居民安置以及与工程施工有关的协作条件等。

2. 施工导流

施工导流设计应在综合分析导流条件的基础上，确定导流标准，划分导流时段，明确施工分期，选择导流方案、导流方式和导流建筑物，进行导流建筑物的设计，提出导流建筑物的施工安排，拟定截流、度汛、拦洪、排冰、通航、过木、下闸封堵、供水、蓄水、发电等措施。

施工导流是水利水电枢纽总体设计的重要组成部分，设计中应依据工程设计标准充分掌握基本资料，全面分析各种因素，做好方案比较，从中选择符合临时工程标准的最优方案，使工程建设达到缩短工期、节省投资的目的。施工导流贯穿施工全过程，导流设计要妥善解决从初期导流到后期导流（包括围堰挡水、坝体临时挡水、封堵导流泄水建筑物和水库蓄水）施工全过程的挡水、泄水问题。各期导流特点和相互关系宜进行系统分析，全面规划，统筹安排，运用风险度分析的方法，处理洪水与施工的矛盾，务求导流方案经济合理、安全可靠。

导流泄水建筑物的泄水能力要通过水力计算，以确定断面尺寸和围堰高度，有关的技术问题，通常还要通过水工模型试验分析验证。导流建筑物能与永久建筑物结合的应尽可能结合。导流底孔布置与水工建筑物关系密切，有时为考虑导流需要，选择永久泄水建筑物的断面尺寸、布置高程时，需结合研究导流要求，以获得经济合理的方案。

大、中型水利水电枢纽工程一般均优先研究分期导流的可能性和合理性。因枢纽工程量大，工期较长，分期导流有利于提前受益，且对施工期通航影响较小。对于山区性河流，洪枯水位变幅大，可采取过水围堰配合其他泄水建筑物的导流方式。

围堰形式的选择，要安全可靠，结构简单，并能够充分利用当地材料。

截流是大中型水利水电工程施工中的重要环节。设计方案必须稳妥可靠，保证截流成功。选择截流方式应充分分析水力学参数、施工条件和施工难度、抛投物数量和性质，并进行技术经济比较。

3. 主体工程施工

主体工程包括挡水、泄水、引水、发电、通航等主要建筑物，应根据各自的施工条件，对施工程序、施工方法、施工强度、施工布置、施工进度和施工机械等问题，进行分析比较和选择。

研究主体工程施工是为正确选择水工枢纽布置和建筑物形式，保证工程质量与施工安全，论证施工总进度的合理性和可行性，并为编制工程概算提供资料。其主要内容有：

（1）确定主要单项工程施工方案及其施工程序、施工方法、施工布置和施工工艺。

（2）根据总进度要求，安排主要单项工程施工进度及相应的施工强度。

（3）计算所需的主要材料、劳动力数量、编制需用计划。

（4）确定所需的大型施工辅助企业规模、形式和布置。

（5）协同施工总布置和总进度，平衡整个工程的土石方、施工强度、材料、设备和劳动力。

4. 施工总进度

编制施工总进度时，应根据国民经济发展需要，采取积极有效的措施满足主管部门或业主对施工总工期提出的要求；应综合反映工程建设各阶段的主要施工项目及其进度安排，并充分体现总工期的目标要求。

（1）分析工程规模、导流程序、对外交通、资源供应、临建准备等各项控制因素，拟定整个工程施工总进度。

（2）确定项目的起讫日期和相互之间的衔接关系。

（3）对导流截流、拦洪度汛、封孔蓄水、供水发电等控制环节，工程应达到的进展，须做出专门的论证。

（4）对土石方、混凝土等主要工程的施工强度，对劳动力、主要建筑材料、主要机械设备的需用量综合平衡。

（5）分析工期和费用关系，提出合理工期的推荐意见。

施工总进度的表示形式可根据工程情况绘制横道图和网络图。横道图具有简单、直观等优点；网络图可从大量工程项目中标出控制总工期的关键路线，便于反馈、优化。

5. 施工交通运输

施工交通包括对外交通和场内交通两部分。

（1）对外交通是指联系施工工地与国家或地方公路、铁路车站、水运港口之间的交通，担负着施工期间外来物资的运输任务。主要工作有：①计算外来物资、设备运输总量、分年度运输量与年平均昼夜运输强度。②选择对外交通方式及线路，提出选定方案的线路标准，重大部分施工措施，桥涵、码头、仓库、转运站等主要建筑物的规划与布置，水陆联运及与国家干线的连接方案，对外交通工程进度安排等。

（2）场内交通是指联系施工工地内部各工区、当地材料产地、堆渣场、各生产区、生活区之间的交通。场内交通须选定场内主要道路及各种设施布置、标准和规模。须与对外交通衔接。原则上对外交通和场内交通干线、码头、转运站等，由建设单位组织建设。至各作业场或工作面的支线，由辖区承包商自行建设。场内外施工道路、专用铁路及航运码头的建设，一般应按照合同提前组织施工，以保证后续工程尽早具备开工条件。

6. 施工工厂设施

为施工服务的施工工厂设施主要有：砂石加工、混凝土生产、风水电供应系统、机械修配及加工等。其任务是制备施工所需的建筑材料，风水电供应，建立工地内外通信联系，维修和保养施工设备，加工制造少量的非标准件和金属结构，使工程施工能顺利进行。

施工工厂设施，应根据施工的任务和要求，分别确定各自位置、规模、设备容量、生产工艺、工艺设备、平面布置、占地面积、建筑面积和土建安装工程量，提出土建安装进度和分期投产的计划。大型临建工程，要做出专门设计，确定其工程量和施工进度安排。

7. 施工总布置

施工总布置方案应遵循因地制宜、因时制宜、有利生产、方便生活、易于管理、安全可靠、经济合理的原则，经全面系统比较分析论证后选定。

施工总布置各分区方案选定后布置在 1:2000 地形图上，并提出各类房屋建筑面积施工征地面积等指标。

其主要任务有：

（1）对施工场地进行分期、分区和分标规划。

（2）确定分期分区布置方案和各承包单位的场地范围。

（3）对土石方的开挖、堆料、弃料和填筑进行综合平衡，提出各类房屋分区布置一览表。

（4）估计用地和施工征地面积，提出用地计划。

（5）研究施工期间的环境保护和植被恢复的可能性。

8. 主要技术供应

根据施工总进度的安排和定额资料的分析，对主要建筑材料和主要施工机械设备，列出总需要量和分年需要量计划，必要时还需提出进行试验研究和补充勘测的建议，为进一步深入设计和研究提供依据。在完成上述设计内容时，还应绘制相应的附图[1]。

二、施工准备工作的任务分析

（1）取得工程施工的法律依据：包括城市规划、环卫、交通、电力、消防、公用事业等部门批准的法律依据。

（2）通过调查研究，分析掌握工程特点、要求和关键环节。

（3）调查分析施工地区的自然条件、技术经济条件和社会生活条件。

（4）从计划、技术、物质、劳动力、设备、组织、场地等方面为施工创造必备的条件，以保证工程顺利开工和连续进行。

（5）预测可能发生的变化，提出应变措施，做好应变准备。

三、施工准备工作的具体内容

水利水电工程项目只有在初步设计项目已列入国家或地方投资计划、筹资方案已经确定、项目法人已经建立、已办理报建手续和有关土地使用权已经批准等条件后，施工准备方可进行。而在主体工程开工之前，必须完成各项施工准备工作。

（一）地形、地貌勘察

该调查要求提供水利水电工程的规划图、区域地形图（1:10000~1:25000）、工程位置地形图（1:1000~1:2000）、水准点及控制桩的位置、现场地形地貌特征等。对地形简单的施工现场，一般采用目测和步测；对场地地形复杂的，可用测量仪器进行观

1 钱波 . 水利水电工程施工组织设计 [M]. 北京：中国水利水电出版社，2012.

测，也可向规划部门、建设单位，勘察单位等进行调查。这些资料可作为选择施工用地、布置施工总平面图、场地平整及土方量计算、了解障碍物及数量的依据。

（二）工程地质勘察

工程地质勘察的目的是为查明建设地区的工程地质条件和特征，包括地层构造、土层的类别及厚度、土的性质、承载力及地震级别等。应提供的资料有：钻孔布置图；工程地质剖面图；土层类别、厚度，土壤物理力学指标，包括天然含水量、空隙比、塑性指数、渗透系数、压缩试验及地基土强度等；地层的稳定性、断层滑块、流沙；地基土的处理方法以及基础施工方法。

（三）水文地质勘察

水文地质勘察所提供的资料主要有以下两方面[1]。

（1）地下水文资料。

地下水最高、最低水位及时间，包括水的流速、流向、流量；地下水的水质分析及化学成分分析；地下水对基础有无冲刷、侵蚀影响等。所提供资料有助于选择基础施工方案、选择降水方法以及拟定防止侵蚀性介质的措施。

（2）地面水文资料。

临近江河湖泊距工地的距离，洪水、平水、枯水期的水位、流量及航道深度，水质，最大最小冻结深度及冻结时间等。调查目的在于为确定临时给水方案、施工运输方式提供依据。

（四）气象资料

气象资料一般可向当地气象部门进行调查，调查资料作为确定冬、雨期施工措施的依据。主要包括以下资料。

（1）降雨、降水资料：全年降雨量、降雪量；一日最大降雨量；雨期起止日期；年雷暴日数等。

（2）气温资料：年平均、最高、最低气温；最冷、最热月及逐月的平均温度。

（3）风向资料：主导风向、风速、风的频率等。

（五）能源调查

能源一般是指水源、电源、气源等。能源资料可向当地城建、电力、燃气供应部门及建设单位等进行调查，主要用作选择施工用临时供水、供电和供气的方式，提供经济分析比较依据。调查内容主要有：施工现场用水与当地水源连接的可能性、供水距离、接管距离、地点、水压、水质及消费等资料；利用当地排水设施排水的可能性、

1　钟汉华，薛建荣．水利水电工程施工组织与管理 [M]. 北京：中国水利水电出版社，2005.

排水距离、去向等；可供施工使用的电源位置、引入工地的路径和条件，可以满足的容量、电压及电费；建设单位、施工单位自有的发变电设备、供电能力；冬季施工时附近蒸汽的供应量、接管条件和价格；建设单位自有的供热能力；当地或建设单位可以提供的煤气、压缩空气、氧气的能力和它们至工地的距离等。

（六）交通运输调查

交通运输方式一般有铁路、公路、水路、航空等。交通资料可以向当地铁路、交通运输和民航等业务部门进行调查。收集交通运输资料时调查主要材料及构件运输通道的情况，包括道路、街巷，途经的桥涵宽度、高度、允许载重量和转弯半径限制等资料。有超长、超高、超宽或超重的大型构件、大型起重机械和生产工艺设备需整体运输时还要调查沿途架空、天桥的高度，并与有关部门商议避免大件运输业务、选择运输方式、提供经济分析比较的依据。

（七）主要材料及地方资源情况调查

其内容包括三大材料（钢材、木材和水泥）的供应能力、质量、价格、运费情况；地方资源如石灰石、石膏石、碎石、卵石、河沙、矿渣、粉煤灰等能否满足水利水电工程建筑施工的要求；开采、运输和利用的可能性及经济合理性。这些资源可向当地计划、经济等部门进行调查，作为确定材料供应计划、加工方式、储存和堆放场地及建造临时设施的依据。

（八）建筑基地情况

主要调查建设地区附近有无建筑机械基地、机械租赁站及修配厂；有无金属结构及配件加工厂；有无商品混凝土搅拌站和预制构件厂等。这些资料可用作确定构配件、半成品及成品等货源的加工供应方式、运输计划和规划临时设施。

（九）社会劳动力和生活设施情况

包括当地能提供的劳动力人数、技术水平、来源和生活安排；建设地区已有的可供施工期间使用的房屋情况；当地主副食及日用品供应、文化教育、消防治安、医疗单位的基本情况以及能为施工提供的支援能力。这些资料是制订劳动力安排计划、建立职工生活基地、确定临时设施的依据。

（十）施工单位调查

主要调查施工企业的资质等级、技术装备、管理水平、施工经验、社会信誉等有关情况。这些可作为了解总、分包单位的技术及管理水平，选择分包单位的依据。

在编制施工组织设计时，为弥补原始资料的不足，有时还可借助一些相关的参考资料来作为编制依据，如冬雨期参考资料、机械台班产量参考指标、施工工期参考指标等。这些参考资料可利用现有的施工定额、施工手册、施工组织设计实例或通过平时施工实践活动来获得。

第二节 水利工程项目组织管理

一、项目施工组织的方案管理

（一）拟定项目施工程序的注意事项

1. 注意项目施工顺序的安排

施工顺序是指互相制约的工序在施工组织上必须加以明确而又不可调整的安排。建筑施工活动由于建筑产品的固定性，必须在同一场地上进行，如果没有前一阶段的工作，后一阶段就不能进行。在施工过程中，即使它们之间交错搭接地进行，也必须遵守一定的顺序。

项目施工顺序一般要求如下。

（1）先地下后地上：主要指应先完成基础工程、土方工程等地下部分，然后再进行地面结构施工；即使单纯的地下工程也应执行先深后浅的程序。

（2）先主体后围护：指先对主体框架进行施工，再施工围护结构。

（3）先土建后设备安装：先对土建部分进行施工，再进行机电金属结构设备等安装的施工。

2. 注意项目施工季节的影响

不同季节对项目施工有很大影响，它不仅影响施工进度，而且还影响工程质量和投资效益，在确定工程开展程序时，应特别注意。

（二）项目施工方法与施工机械的选择

项目施工方案编制的主要内容包括：确定主要的施工方法、施工工艺流程、施工机械设备等。

要加快施工进度、提高施工质量，就必须努力提高施工机械化程度。在确定主要工程施工方法时，要充分利用并发挥现有机械能力，针对施工中的薄弱环节，在条件许可的情况下，尽量制订出配套的机械施工方案，购置新型的高效能施工机械，提高机械动力的装备程度。

在安排和选用机械时，应注意以下几点。

（1）主导施工机械的型号和性能，既能满足构件的外形、重量、施工环境、建筑轮廓、高度等的需要，又能充分发挥其生产效率。

（2）选用的施工机械能够在几个项目上进行流水作业，以减少施工机械安装、拆除和运输的时间。

（3）建设项目的工程量大而又集中时，应选用大型固定的机械设备；施工面大而又分散时，宜选用移动灵活的施工机械。

（4）选用施工机械时，还应注意贯彻土洋结合、大中小型机械相结合的方针[1]。

二、项目施工组织设计的总体布置

（一）项目施工总布置的原则、基本资料和基本步骤

1. 项目施工总布置的作用

项目施工总平面图是拟建项目施工场地的总布置图，是项目施工组织设计的重要组成部分，它是根据工程特点和施工条件，对施工场地上拟建的永久建筑物、施工辅助设施和临时设施等进行平面和高程上的布置。施工现场的布置应在全面了解掌握枢纽布置、主体建筑物的特点及其他自然条件等基础上，合理地组织和利用施工现场，妥善处理施工场地内外交通，使各项施工设施和临时设施能最有效地为工程服务。保证施工质量，加快施工进度，提高经济效益，同时，也为文明施工、节约土地、减少临时设施费用创造了条件。另外，将施工现场的布置成果标在一定比例的施工地区地形图上，就构成施工现场布置图。绘制的比例一般为 1:1000 或者 1:2000。

2. 施工总布置的基本步骤

施工总布置的基本步骤：①收集分析整理资料。②编制并确定临时工程项目明细及规模。③施工总布置规划。④施工分区布置。⑤场内运输方案。⑥施工辅助企业及辅助设施布置。⑦各种施工仓库布置。⑧施工管理。⑨总布置方案比较。⑩修正完善施工总布置并编写文字说明。

3. 现场布置总规划

这是施工现场布置中的最关键一步。应该着重解决施工现场布置中的重大原则问题，具体包括：①施工场地是一岸布置还是两岸布置。②施工场地是一个还是几个，如果有几个场地，哪一个是主要场地。③施工场地怎样分区。④临时建筑物和临时设施采取集中布置还是分散布置，哪些集中哪些分散。⑤施工现场内交通线路的布置和场内外交通的衔接及高程的分布等。

（二）项目施工分区布置

1. 项目施工分区原则

在进行各分区布置时，应满足主体工程施工的要求。对以混凝土建筑物为主体的

1　戴金水，徐海升等．水利工程项目建设管理 [M]. 郑州：黄河水利出版社，2008:112.

工程枢纽，应该以混凝土系统为重点，即布置时以砂石料的生产，混凝土的拌合、运输线路和堆弃料场地为主，重要的施工辅助企业集中布置在所服务的主体工程施工工区附近，并妥善布置场内运输线路，使整个枢纽工程的施工形成最优工艺流程。对于其他设施的布置，则应围绕重点来进行，确保主体工程施工。

2. 项目施工分区布置需考虑的事项

（1）破碎筛分和砂石筛分系统，应布置在采石场、砂石料场附近，以减少废料运输。若料场分散或受地形条件限制，可将上述系统尽量靠近混凝土搅拌系统。

（2）制冷厂主要任务是供应混凝土建筑物冷却用水、骨料预冷用水、混凝土搅拌用冷水和冰屑。冷水供应最好采用自流方式，输送距离不宜太远，以减少提水加压设备和冷耗。制冷厂的位置应布置在混凝土建筑物和混凝土系统附近的适当地方为宜。

（3）钢筋加工厂、木材加工厂、混凝土预制构件厂，三厂统一管理时称为综合厂。其位置可布置在第二线场地范围内，并具备运输成品和半成品上坝的运输条件。

（4）机械修配厂、汽车修配厂是为工地机械设备和汽车修配、加工零件服务的。它的服务面广，有笨重的机械运出运入，占地面积较大，以布置在第二线或后方为宜，且靠近工地交通干线。

（5）供水系统。生产用水主要服务对象是砂石筛分系统、电厂、制冷厂、混凝土系统等，根据水源和取水条件、水质要求、供水范围和供水高程，合理布置。

（6）制氧厂具有爆炸的危险性，应布置在安全地区。

（7）工地房屋建筑和维修系统，它是为全工地房屋建筑和维修服务的，应布置在第二线或后方生活区的适当地点。

（8）砂石堆场、钢筋仓库、木材堆场、水泥仓库等都是专为企业储备、供应材料的，储存数量大，并与企业生产工艺有不可分割的关系，因此，这类仓库和堆场必须靠近它所服务的企业。

3. 分区布置方式

根据工程特点、施工场地的地形、地质、交通条件、施工管理组织形式等，施工总布置一般除建筑材料开采区、转运站及特种材料仓库外，可分为集中式、分散式和混合式三种基本形式。

（1）集中式布置

集中式布置的基本条件是枢纽永久建筑物集中在坝轴线附近，坝址附近两岸场地开阔，可基本上满足施工总布置的需要，交通条件比较方便，可就近与铁路或公路连接。因此，集中布置又可分为一岸集中布置和两岸集中布置的方式，但其主要施工场地选择在对外交通线路引入的一岸。我国黄河龙羊峡水利枢纽是集中一岸式布置，而青铜峡、葛洲坝、丹江口等水利枢纽是集中两岸式布置的实例。

（2）分散式布置

分散式布置有两种情况。一种情况是枢纽永久建筑物集中布置在坝轴线附近，附属项目远离坝址，例如：坝址位于峡谷地区，地形狭窄，施工场地沿河的一岸或两岸冲沟延伸的工程，常把密切相关的主要项目靠近坝址布置，其他项目依次远离坝址布置。我国新安江水利枢纽就是因为地形狭窄而采取分散式布置的实例。另一种情况是枢纽建筑物布置分散，如引水式工程主体建筑物施工地段长达几公里甚至几十公里，因此常在枢纽首部、末端和引水建筑物中间地段设置主要施工分区，负责该地段的施工，此时应合理选择布置交通线路，妥善解决跨河桥渡位置等，尽量与其组成有机整体。我国鲁布革水利枢纽就是因为枢纽建筑物布置分散，而采用分散布置。

（3）混合式布置

混合式布置有较大的灵活性，能更好地利用现场地形（斜坡、滩地、冲沟等）和不同地段的场地条件，因地制宜选择内部施工区域划分。以各区的布置要求和工艺流程为主，协调内部各生产环节，就近安排职工生活区，使该区组成有机整体。黄河三门峡水利枢纽工程，就是因坝区地形特别狭窄，而采用混合式布置。把现场施工分区和辅助企业、仓库及居住区分开，施工临时设施，第一线布置在现场，第二线布置在远离现场 17km 的会兴镇后方基地，现场与基地间用准轨铁路专线和公路连接。此外，刘家峡、碧口等枢纽工程也是混合式布置的实例。

4. 分区布置顺序

在施工场地分区规划以后，进行各项临时设施的具体布置。包括：①当对外交通采用标准轨铁路和水运时，首先确定车站、码头的位置，然后布置场内交通干线、辅助企业和生产系统，再沿线布置其他辅助企业、仓库等有关临时设施，最后布置风、水、电系统及施工管理和生活福利设施。②当对外交通采用公路时，应与场内交通连接成一个系统，再沿线布置辅助企业、仓库和各项临时设施。

（三）场内运输方案

场内运输方案：一是选择运输方式；二是确定工地内交通路线。本着有利生产、方便生活、安全畅通的原则，场内交通的布置要正确选择运输方式，合理布置交通线路。

1. 运输方案的内容

运输方案的内容有：①运输方式选择及其联运时的相互衔接，设备及其数量。②运输量及运输强度计算，物料流向分析。③选定运输方式的线路等级、标准及线路布置。④与选定方式有关的设施及其规模。⑤运输组织及运输能力复核。

2. 运输方案编制步骤

运输方案编制步骤：①按运输方案的内容要求初拟几个运输方案。②计算各方案的技术经济指标。③对各方案进行综合比较后，选择最优方案。

3. 场内运输方式选择

在选择主要运输方式时，要重点考虑两点：①选定的运输方式除应满足运输量之外，还必须满足运输强度和施工工艺的要求。②场内外运输方式尽可能一致，场内运输尽量接近施工和用料地点，减少转运次数，使运输和管理方便。

4. 场内运输方案比较内容

运输方案的比较主要从以下几方面进行：①主要建设工程量。②运输线路的技术条件。③主要设备数量及其来源情况。④主要建筑材料需用量。⑤能源消耗量。⑥占地面积。⑦建设时间。⑧与生产或施工艺衔接、对施工进度保证情况。⑨直接及辅助生产工人数、全员数。⑩运输安全可靠性，工人劳动条件。⑪建设费用和运营费用。⑫其他项目。

其中，在对第⑪项进行对比时，通常优选建设费用和运营费用之和最小的方案。其工作内容包括：①计算主要工程项目的建筑工程量。②计算主要交通设备的购置量。③计算运输工程量。④确定建筑工程费用单价、运营费用单价和装卸费用单价。⑤计算各方案总费用，进行比较。

（四）项目施工仓库系统和转运站布置

1. 基本任务

仓库系统设计的基本任务是：实行科学管理，确保物资、器材安全完好，并及时准确地把物资器材供应给使用单位；同时，要求以最少的仓储费用取得最好的经济效果。仓库系统设计中应解决以下的问题：①选定仓库位置和布置方案。②确定各种类仓库面积和结构形式。③确定各种材料在仓库中的储备数量。④选定仓库的装卸设备和仓库建设所需要材料的数量等。

2. 布置原则

仓库系统的布置原则：①仓库系统的布置，应符合国家有关安全防火等级规定。②大宗建筑材料应直接运往使用地点堆放，以减少施工现场的二次搬运。③应有良好的效能运输条件，以利于器材、设备的进库、出库。④仓库系统应布置一定数量的起重装卸设备，以减轻工人的劳动强度。⑤服务对象单一的仓库，可靠近所服务的企业或施工地点，服务于较多的企业和工程的中心仓库，可布置在对外交通线路进入施工区的入口附近。⑥易燃、易爆材料仓库应布置在远离其他建筑物的下风处，并应满足防火间距的要求。

3. 各种仓库规模计算

（1）各种材料储存量计算。仓库规模决定于施工中各种材料储存量。储存量计算应根据施工条件、供应条件和运输条件确定。如施工和生产受季节影响的材料，必须考虑施工和生产的中断因素；依靠水运的材料则需考虑洪、枯水和严寒季节中影响运输的问题，储量可以加大些；还要考虑供应制度中有的材料要求一次储备的情况。其计算公式如下：

$$q=\frac{Q}{n}tk$$

式中，q为材料储存量，t或m^3；Q为高峰年材料总需要量，t或m^3；n为年工作天数；

k为不均匀系数，可取 1.2~1.5；t为材料储备天数。

（2）材料、器材仓库面积计算。

$$W=\frac{q}{P_1 k}$$

式中，W为材料、器材仓库面积，m^2；q为材料储存量，t 或 m^3；k为仓库面积利用系数；P_1为每 m^2 有效面积的材料存放量，t 或 m^3。

（3）施工设备仓库面积计算。

$$W=na\frac{1}{k}$$

式中，W为施工设备仓库面积，m^2；n为储存施工设备台数；a为每台设备占地面积，m^2；k为面积利用系数，库内有行车时，k =0.3；库内无行车时，k =0.17。

（4）永久机电设备仓库面积。水轮发电机组零、部件保管分类见表 3–1，机组设备保管仓库面积，可按表 3–2 计算。

表 3–1　水轮发电机组零、部件保管分类

保管方式	设备名称	说明
露天堆场	尾水管里衬、转轮室里衬、蜗壳、座环、基础环、底环、顶盖、调整环、支持盖、导轴承支架、发电机上下机架、转子中心体、轮毂、轮臂、发电机上下支架、盖板、推力轴承支架、励磁机架	
敞棚仓库	水轮机大轴、发电机大轴、导水叶、水涡轮、推力头、发电机转子铁心、空气冷却器、压油箱、接力器发电机定子瓣、漏油箱、导水叶套筒	1. 当推力头与镜板全为一体制造时，推力头应进保温仓库 2. 在起重条件允许下，发电机定子瓣，应进封闭仓库或保温仓库
封闭仓库	主轴密封、油冷却器、油压装置集油槽、定子线棒、汇流排、磁极、机组各部连接螺栓、销钉、键、励磁机、永磁机、发电机制动器	在必要时，定子线棒及转子磁极可进保温仓库
保温仓库	各种电阻、信号温度计、转速信号机、水机自动化仪表、调速器操作柜、受油器、推力轴承弹性油箱镜板、推力瓦、导轴瓦、水导轴瓦、集电环、各种电工材料、电气备品备件	

表 3–2　机组设备保管仓库面积表

类别	估计公式	符号意义	备注
仓库总面积	$F_{总}$ =2.8 Q	$F_{总}$：设备库总面积，m^2； Q：同时保管在仓库内的机组设备总重量，t	包括铁路与卸货场的占地面积
仓库保管净面积	$F_{保}$ =0.5 $F_{总}$	$F_{保}$：仓库保管净面积，m^2	指仓库总面积中扣除铁路与卸货场占地后的部分
敞棚仓库	$F_{棚}$ – 17% ~20% $F_{保}$	$F_{棚}$：敞棚仓库净面积，m^2	—
封闭仓库	$F_{闭}$ – 20% ~25% $F_{保}$	$F_{闭}$：封闭仓库净面积，m^2	—
保温仓库	$F_{温}$ – 8% ~10% $F_{保}$	$F_{温}$：保温仓库净面积，m^2	—
露天仓库	$F_{露}$ – 45% ~55% $F_{保}$	$F_{露}$：露天仓库净面积，m^2	—

（5）仓库占地面积估算。

$$A=\sum WK$$

式中，A为仓库占地面积，m^2；W为仓库建筑面积或堆存场面积，m^2；K为占地面积系数，可按表 3–3 选用。

表 3–3 仓库占地面积系数（K）参考指标

仓库种类	K	仓库种类	K	仓库种类	K
物资总库、施工设备库	4	机电仓库	8	钢筋、钢材库、圆木堆场	3~4
油库	6	炸药库	6		

注：表中系数应参考指标。

4. 特殊材料仓库设置要求

特殊材料仓库包括炸药库、油库等。

（1）炸药库。

爆破材料与外部建筑物和其他区域之间的距离，应满足表 3–4 规定的要求。炸药、雷管等危险品仓库单库最大允许储存量可按表 3–5 控制。炸药库与雷管库的距离，见表 3–6。

表 3–4 爆破器材与其他建筑安全距离 单位：m

序号	建筑物距离		仓库内存药量（t）						
			150~200	100~150	50~100	30~50	20~30	10~20	≤ 10
1	工地住宅区边缘		1500	1350	1150	900	750	650	500
2	工地生产区建筑物		900	800	700	550	450	400	300
3	县以上公路、通航河流航道、非工地铁路支线		750	700	600	450	350	300	250
4	高压送电线路	110kV	750	700	600	450	350	300	250
		110kV 线	450	400	350	250	200	200	200
5	国家铁路线		1050	950	800	650	550	450	350
6	零散住户边缘		900	800	700	550	450	400	300
7	村庄铁路车站边缘，区域变电站围墙		1500	1350	1150	900	750	650	500
8	10 万人以下城镇边缘，其他工厂企业围墙		2300	2100	1800	1400	1200	1000	750
9	10 万人以上城市边缘		4500	4100	3500	2700	2300	2000	1500

表 3–5 单库最大允许存药量

序号	名称	单位	单库最大允许存药量
1	硝铵炸药	t	200
2	雷管、电雷管	万发	30
3	导火线	m	100
4	胶质炸药	t	50

表 3–6 炸药、雷管库间距离要求 单位：m

雷管数量（万发） 库房名称	200	100	80	60	50	40	30	20	10	5
雷管库与炸药库	42	30	27	23	21	19	17	14	10	8
雷管库与雷管库	71	51	45	39	35	32	27	22	16	11

注：表中数字当两库中有一方有土堤时，按表中数值增大比值为 1.7；当双方均无土堤时，其增大比值为 3.3。无论查表或计算结果如何，库房间距离不得小于 35m。

（2）油库。油库允许储存油量，见表3–7。附建油库储油量，见表3–8。储油罐的间距，见表3–9。

表3–7 油库允许最大储油量　单位：t

储存方式	易燃油品闪点≤45℃	可燃油品闪点>45℃
地下液体储罐	2000	10000
地下液体储罐、半地下液体储罐	1000	5000

表3–8 附建油库允许储油量　单位：t

储存方式		易燃油品	可燃油品
用防火墙隔开，有独立出入口的专门房间	桶装	20	100
	油罐	30	150
油罐设在地下室或半地下室	桶装	0.1	0.5
	油罐	1	5
油罐设在地下室或半地下室		不许可	300

表3–9 储油罐间距要求表　单位：t

储油罐形式	罐壁之间的距离	储油罐形式	罐壁之间的距离
地上立式或卧圆柱形油罐	不小于相邻油罐较大一个的直径	钢筋混凝土和砖石结构油罐	按地上距离减少35%，但不小于5m
矩形地上油罐	不小于相邻两罐中大罐的两条垂直连长总和的一半	半地下油罐	按地上油罐的75%计
不同形状油罐	相邻两罐最大罐的直径	地下油罐内壁间距	不小于1 m

5. 转运站设置

转运站一般由仓库、料棚、堆场、办公室、宿舍、住宅、厨房等组成。

（1）转运量。视枢纽工程外来物资、器材来源的情况而定。通常生活物资和建筑材料是邻近县城乡镇直接运达工地，不需转运，而需转运的主要是水泥、钢材、机械设备、油料、煤炭及其他材料等，一般转运材料数量在60%左右。

（2）公路转运站各项指标。公路转运站各项指标，见表3–10。

表3–10 公路运输转运站参考指标表

昼夜转运量（t） 项目			200	400	600	800	1000
人员 人数	生产工人（装、卸、搬运） 管理人员 勤杂人员		50 4 2	100 8 4	150 12 6	200 16 8	250 20 10
	合计	包装、卸、搬运 包装、卸、搬运	6 56	12 112	18 168	24 224	30 280
房屋建筑面积（m^2）	库棚	储存3d 储存4d 储存5d	900　1200　1500	2400 3000	2700 3600 4500	3600 4800 6000	4500 6000 7500
	办公房屋		28	56	84	112	140
	宿舍	扣装、卸、搬运 包装、卸、搬运	24 240	48 402	72 606	96 804	120 1008

续表

房屋建筑面积（m^2）	住宅	扣装、卸、搬运 包装、卸、搬运	90 765	180 1530	270 2250	360 3015	450 4780
	食堂	扣装、卸、搬运 包装、卸、搬运	10 36	12 72	18 108	24 144	30 180
设备	起重机Q= 8~15t 载重汽车		1 台 1 辆	1 台 1 辆	1 台 1 辆	2 台 2 辆	2 台 2 辆
占地面积（m^2）	储存 3d	扣装、卸、搬运 包装、卸、搬运	5260 9845	10480 19300	15720 28740	20960 38375	26200 53040
	储存 4d	扣装、卸、搬运 包装、卸、搬运	6760 11345	13480 22300	20220 3240	26960 44375	33700 60540
	储存 5d	扣装、卸、搬运 包装、卸、搬运	8260 12845	16480 25300	24720 37740	33000 50415	41200 68040

7. 仓库系统的装卸作业

（1）仓库装卸作业方式的选择

应根据物资特性、货运强度、储存方式、储存场地的地形条件、装卸机械供应条件，合理选择装卸作业方式。

尽量减少装卸作业环节，装卸作业各环节的不同类型机械的装卸能力，要相互适应，保证装卸作业方式。

尽可能选择效率高的装卸机具，以缩短装卸时间。

装卸机具尽可能选择一机多能的高效轻型机械。

装卸作业方式应与仓库内部作业情况、工作关系、相互距离及装卸作业的要求相适应。

（2）装卸设备。各种起重设备，如汽车式起重机、轮胎起重机、铁路起重机、固定旋转式起重机、门座式起重机、装载机、带式输送机、叉车及气动泵等均可作为仓库系统的装卸设备。

（3）装卸机械数量计算

$$N=\frac{QK_1}{ETFCK_2K_3}$$

式中，N 为各类装卸机械数量，台；Q 为各类装卸机械年平均装卸量；E 为年工作日数，d；T 为每班工作小时数，h；F 为工作班次，视生产需要和运输可能而定；C 为各类机械，不同操作过程装卸各种货物的生产率，t／台时；K_1 为不均衡系数，公路取 1.1~1.4，铁路取 1.15~1.2；K_2 为台班时间利用系数，取 0.85；K_3 为各类机械完好率，取 0.75~0.85。

（五）项目施工管理及生活福利设施设计

项目施工工地的管理和生活设施一般包括：办公室、汽车库、职工休息室、开水库、食堂、俱乐部和浴室等。在施工组织设计中，这些设施的布置在满足使用需要的前提下，要与工地内的其他设施统筹规划，并根据工地工人数计算其规模。

1. 居住建筑的布置

1）布置原则

①居住建筑应根据场地的自然条件，可以分散布置在各自的生产区附近或相对集中布置于离生产区稍远的地点。但无论是分散或集中布置，单职工宿舍、民工宿舍、职工家属住宅应各有相对的独立区段，且与生产区有明显界限。一般单职工宿舍、民工宿舍应靠近生产区或施工区，家属住宅则应布置在靠后的地方。

②居住建筑尽可能选在有较好的朝向地段。北方要有必要的日照时间，防止寒风吹袭；南方避开西晒，争取自然通风。

③考虑必要的防震抗灾措施和绿化美化环境措施。

2）居住建筑布置的形式

①行列式布置。建筑按一定的朝向和合理间距，成行成列布置，形成一个个建筑组群，再由若干个组群组成生活区。这种布置有利于通风和较好的日照条件，外观整齐。适合地形起伏地段，结合地形灵活布置。

②沿路线布置。建筑物沿交通线路布置，视地形情况，可以单行或多行平行于道路或垂直于道路布置，或组成小院落。建筑物距道路要有一定距离，最好设置围墙，使出入口集中。这种布置卫生、安全条件差，噪声干扰大。

③零散布置。在较陡山地，利用局部缓坡分散布置，适合在施工区附近布置单职工或民工宿舍。

2. 公共建筑的布置

公共建筑的项目内容、定额、指标，可根据实际情况，参照国家有关规定，设置必要的项目和选用定额。

（1）公共建筑分级配置。第一级：工地生活区。以工地全部居民为服务对象，布置必要的、规模较大的公共建筑，形成整个工地的服务中心。项目内容包括影剧院、医院、招待所、商店、浴室、理发店、中小学、运动场等。第二级：居住小区。以小区内居民为服务对象，设置居民日常必需的服务项目，形成区域中心。项目内容可包括托儿所、门诊部、百货店、理发店、职工食堂、锅炉房等。居住区规模较小时，可以只设营业点或分店。

（2）生活区服务中心布置。考虑合理的服务半径，设置在居民集中、交通方便、并能反映工地生活区面貌的地段。其布置方式有三种。

第一种，沿街道线状布置。连续布置在街道的一侧或两侧交叉口处。布置集中紧凑，使用方便。但不宜布置在车流量大的交通干线上，并在适当位置设置必要的广场，供车辆停放和人流集散等。

第二种，成片集中布置。布置紧凑，设施集中，节约用地，使用方便。布置时应考虑按功能分区，留有足够的出入口、停车场等。

第三种，沿街和成片集中混合布置。各种布置方式各有优缺点和一定的适应条件，布置时应因地制宜合理选用。

3. 施工管理及生活福利建筑面积计算

1）人口组成

工地职工人口总数，是衡量施工组织和管理水平的主要标志之一。施工组织设计应在加强企业管理，劳动组织，提高施工机械化水平和劳动生产率等方面采取有效措施，尽量减少工地职工总人数。这是节约投资，减少征地，缩短工期，加快水利水电工程建设的重要途径。

工地职工总人数，应根据总进度提供的劳动力曲线（包括辅助企业生产人员），取高峰年连续 3 个高峰月的平均劳动力，另计非生产人员约 14%，缺勤（伤、病、事、探亲假）为 5% ~8%。

临时工的比例，视各工程的具体情况而定，一般为职工总人数的 10% ~30%。

根据我国目前水利水电工程的实际情况，另列有关单位派驻工地人员（包括设计代表组、建设单位质检组、工程筹建处、工程监理人员、建设单位代表等），约为固定职工总人数的 1% ~2%。

2）固定职工的计算指标及面积定额

①职工家属住宅。鉴于有基地，带眷比可取 27% ~33%，其中有 50% 为双职工，即每百名职工住户数为 18~22 户。建筑面积定额为：平房 25~30m^2 / 户，楼房 35~40m^2/ 户。

②单身宿舍。单身宿舍人数可按固定职工总人数的 67%~73% 计算，楼房 5.5~6.5m^2 / 人。

③托儿所。入托幼儿人数可按固定职工人数每 8% ~12% 计算，建筑面积定额取 5~6m^2/ 人。

④职工子弟学校（小学、初中）。入学人数可按固定职工人数的 13% ~17% 计算，建筑面积定额取 3~4m^2 / 人。

⑤职工医院。按固定职工 100% 计算，面积定额取 0.45~0.55m^2 / 人。

⑥浴室及理发室。按固定职工 100% 计算，面积定额取 0.25~0.30m^2 / 人。

⑦职工食堂。包括主副食加工、备餐间、餐厅、仓库、管理人员办公室等。按固定职工 100% 计算，面积定额 0.45~0.60m^2 / 人。

⑧商业服务业。包括百货店、副食品店、粮店、储蓄所、邮局、电信及其他服务行业。按固定职工人数 100% 计算，面积定额取 0.35~0.40m^2 / 人。

⑨影剧院、俱乐部。包括图书阅览室、游艺室、电视等。按固定职工 100% 计算，面积定额取 0.3~0.4m^2 / 人。

⑩招待所。按固定职工 2.5% 计算，面积定额取 6.4~7.2m^2 / 人。

⑪行政管理用房。按固定职工 100% 计算，面积定额取 0.02~0.03m^2 / 人。

3）临时工的计算指标及面积定额

①单身宿舍。按临时工 100% 计算，建筑面积定额取 3~4m^2 / 人，楼房取 4~5m^2 / 人。

②管理系统用房。按临时工 100% 计算，面积定额取 0.70m² / 人（包括行政办公室及仓库等）。

③福利设施用房。按临时工 100% 计算，面积定额医务室 0.35m² / 人，浴室和理发室 0.20m² / 人，临时工食堂 0.45m² / 人，影剧院和俱乐部 0.3m² / 人，小计 1.3m² / 人，应分项汇总列入工程的各单项建筑物面积。

4）综合指标

①固定职工的家属住宅和单身宿舍采用楼房时，建筑面积的综合指标取 14~16m² / 人，采用平房时面积取 11~13m² / 人。

②临时工宿舍采用楼房时建筑面积的综合指标取 6~7m² / 人，采用平房时面积取 5~6m² / 人。

汇总以上成果，水利水电工程住宅及配套项目定额指标，见表 3–11。

办公用房面积：办公室定员按固定职工总人数的 8% ~12% 计算，建筑面积定额 6~7m² / 人。

表 3–11 职工住宅及配套项目定额指标

工种	项目	百人指标	面积定额（m²）	综合指标（m²/ 人）	备注
固定职工	家属住宅	18~22 户	每户 35~40	6.3~8.8	
	单身宿舍		每床 5.5~6.5	4.02~4.3 6	
	托儿所、幼儿园		每人 5~6	0.40~0.72	
	子弟小学、初中	13~17 人	每人 3~4	0.39~0.68	平房 4.5~6.6m² / 人
	职工医院		每人 0.45~0.3	0.45~0.5 5	平房 3.29~3.69m² / 人
	浴室、理发室		每人 0.25~0.30	0.25~0.30	
	职工食堂		每人 0.45~0.55	0.45~0.60	
	商业服务业		每人 0.35~0.60	0.3 5~0.40	
	影剧院、俱乐部		每人 0.30~0.40	0.30~0.40	
	招待所		每床 6.4~7.2	0.16~0.1 8	
	行政管理用房		每人 0.02~0.03	0.02~0.03	
	综合指标			14~16	
临时工	单身宿舍		每人 4~5	4.0~5.0	平房 3.0~4.0m² / 人
	管理系统用房		每人 0.70	0.70	
	福利设施用房		每人 1.30	1.30	
	综合指标			6.0~7.0	

注：（1）公用设施（开水房、煤气站、公厕等）控制在职工每人 0.25m² 左右为宜。
（2）严寒或边远地区综合指标每个职工增加 1.0m²。

（六）项目施工总体布置方案比较

1. 主要比较项目

对于不同枢纽和特定条件，根据方案比较所研究的内容，确定主要比较的项目。

1）定量项目

①占地面积。

②运输工作量（t · km）、爬坡高度。

③临建工程及其造价（场地平整工程、交通、挖填方和长度）。

④场内交通工程技术指标。

⑤可达到的防洪标准。

2）定性项目

①布置方案能否充分发挥施工工厂的生产能力。

②满足施工总进度和施工强度的要求。

③施工设施、站场、临时建筑物的协调和干扰情况。

④施工分区的合理性。

⑤研究当地现有企业为工程施工服务的可能性和合理性。

2. 修正、完善施工总布置

施工临时设施的平面布置完成后，经过方案比较，需要对施工总布置进一步进行修正、完善。对于不够协调的布置要进行调整，最后编制总布置和有关的技术经济指标图表，完成施工总布置设计。

施工总布置主要设计成果有：①施工总布置图，比例 1:2000~1:10000。②施工对外交通图。③居住小区规划图，比例 1:500~1:1000。④施工征地范围图和面积一览表。⑤临建项目及规模一览表。⑥准备工程量一览表。⑦施工用地分期征用示意图。

三、项目沟通管理

所谓沟通，是人与人之间的思想和信息的交换，是将信息由一个人传达给另一个人，逐渐广泛传播的过程。著名组织管理学家巴纳德认为，“沟通是把一个组织中的成员联系在一起，以实现共同目标的手段”。没有沟通，就没有管理。沟通不良几乎是每个企业都存在的老毛病，企业的机构越是复杂，其沟通越是困难。往往基层的许多建设性意见未及反馈至高层决策者，便已被层层扼杀，而高层决策的传达，常常也无法以原貌展现在所有人员之前。

（一）项目沟通管理的定义及特征

项目沟通管理，就是为了确保项目信息合理收集和传输，以及最终处理所需实施的一系列过程。项目沟通管理具有以下特征。

1. 复杂

每一个项目的建立都与大量的公司、企业、居民、政府机构等密切相关。另外，大部分项目都是由特意为其建立的项目团队实施的，具有临时性。因此，项目沟通管理必须协调各部门以及部门与部门之间的关系，以确保项目顺利实施。

2. 系统

项目是开放的复杂系统。项目的确立将全部或局部地涉及社会政治、经济、文化等诸多方面，对生态环境、能源将产生或大或小的影响，这就决定了项目沟通管理应从整体利益出发，运用系统的思想和分析方法，全过程、全方位地进行有效的管理。

（二）项目沟通管理的重要性

对于项目来说，要科学地组织、指挥、协调和控制项目的实施过程，就必须进行信息沟通。没有良好的信息沟通，对项目的发展，会存在制约作用。具体来说，项目沟通管理主要有以下几方面的作用。

1. 决策和计划的基础

项目班子要想做出正确的决策，必须以准确、完整、及时的信息作为基础。

2. 组织和控制管理过程的依据和手段

只有通过信息沟通，掌握项目班子内的各方面情况，才能为科学管理提供依据，才能有效地提高项目班子的组织效能。

3. 建立和改善人际关系

信息沟通，意见交流，将许多独立的个人、团体、组织贯通起来，成为一个整体。畅通的信息沟通，可以减少人与人的冲突；改善人与人，人与班子之间的关系。

4. 项目经理成功领导的重要手段

项目经理是通过各种途径将意图传递给下级人员并使下级人员理解和执行。如果沟通不畅，下级人员就不能正确理解和执行领导意图，项目就不能按经理的意图进行，最终导致项目混乱甚至项目失败。

（三）项目沟通管理的方法

1. 正式沟通与非正式沟通

（1）正式沟通是指通过项目组织明文规定的渠道进行信息传递和交流的方式。它的优点是沟通效果好，有较强的约束力。缺点是沟通速度慢。

（2）非正式沟通是指在正式沟通渠道之外进行的信息传递和交流。这种沟通的优点是沟通方便，沟通速度快，且能提供一些正式沟通中难以获得的信息，缺点是容易失真。[1]

2. 上行沟通、下行沟通和平行沟通

（1）上行沟通。上行沟通是指下级的意见向上级反映，即自下而上的沟通。

（2）下行沟通。下行沟通是指领导者对员工进行的自上而下的信息沟通。

（3）平行沟通。平行沟通是指组织中各平行部门之间的信息交流。在项目实施过程中，经常可以看到各部门之间发生矛盾和冲突，除其他因素外，部门之间互不通气是重要原因之一。保证平行部门之间沟通渠道畅通，是减少部门之间冲突的一项重要措施。

3. 单向沟通与双向沟通

单向沟通是指发送者和接收者两者之间的地位不变（单向传递），一方只发送信息，另一方只接收信息方式。这种方式信息传递速度快，但准确性较差，有时还容易使接

1　祁丽霞 . 水利工程施工组织与管理实务研究 [M]. 北京：中国水利水电出版社，2014:135.

收者产生抗拒心理。

双向沟通中，发送者和接收者两者之间的位置不断交换，且发送者是以协商和讨论的姿态面对接收者，信息发出以后还需及时听取反馈意见，必要时双方可进行多次重复商谈，直到双方共同明确和满意为止，如交谈、协商等。其优点是沟通信息准确性较高，接收者有反馈意见的机会，产生平等感和参与感，增加自信心和责任心，有助于建立双方的感情。

除此之外，沟通还包括书面沟通、口头沟通、言语沟通和体语沟通，此处不再赘述。

（四）促进沟通的措施

开会、谈判、谈话、做报告是最常见的沟通方式，其他如对外拜访、约见等。据统计，企业中 70% 的问题是由于沟通障碍引起的，无论是工作效率低，还是执行力差、领导力不高等，归根结底都与沟通有关。因此，提高管理沟通水平显得特别重要。

1. 首先让管理者意识到沟通的重要性

沟通是管理的高境界，许多企业管理问题多是由于沟通不畅引起的。良好的沟通可以使人际关系和谐，顺利完成工作任务，达成绩效目标。沟通不良则会导致生产力、品质与服务不佳，使得成本增加。

2. 公司内建立良性的沟通机制

沟通的实现有赖于良好的机制，包括正式渠道、非正式渠道。员工不会做期望他去做的事，只会去做奖罚去做的事和考核他去做事，因此引入沟通机制很重要。应纳入制度化、轨道化，使信息更快、更顺畅，达到高效高能的目的。

3. 从“头”开始抓沟通

企业的老总、老板是个相当重要的人物。老总必须以开放的心态来做沟通，来制定沟通机制。公司文化即老板文化，他直接决定是否能建立良性机制，是否能构建一个开放的沟通机制，因而要求老总以身作则在公司内部构建起“开放的、分享的”企业文化。

4. 以良好的心态与员工沟通

与员工沟通必须把自己放在与员工同等的位置上，“开诚布公”“推心置腹”“设身处地”，否则当大家位置不同就会产生心理障碍，致使沟通不成功。沟通应抱有“五心”，即尊重的心、合作的心、服务的心、赏识的心、分享的心。只有具有这“五心”，才能使沟通效果更佳，尊重员工，学会赏识员工，与员工在工作中不断地分享知识、分享经验、分享目标、分享一切值得分享的东西。

只要与员工保持良好的沟通，让员工参与进来，自下而上，而不是自上而下，在企业内部形成运行的机制，就可实现真正的管理。只要大家目标一致，群策群力，众志成城，企业所有的目标都会实现。那样，公司赚的钱会更多，员工也将会干得更有劲、更快乐，企业将会越做越强，越做越大，为社会创造的财富也就越多。

第三节 水利工程施工质量控制与统计

水利工程建设项目质量控制，指的是根据工程相关图纸和文件的设计要求，对工程参建各方及其技术人员的劳动下形成的工程实体建立健全有效的工程质量监督体系，进行质量控制，确保建设的水利工程项目可以符合专门的工程或是合同所规定的质量要求和标准。

一、质量控制体系的建立与运行

（一）工程项目质量控制系统的概述

工程项目质量控制体系是以控制、保证和提高工程质量为目标，运用系统的概念和方法，使企业各部门、各环节的质量控制职能组织起来，形成一个有明确任务、职责、权限，互相协调、互相促进的有机整体，使质量控制规范化、标准化的体系。

质量控制体系要素是构成质量体系的基本单元，它是工程质量产生和形成的主要因素。

施工阶段是建设工程质量的形成阶段，是工程质量监督的重点，因此，必须做好质量控制的工作。

施工单位建立质量控制体系要抓好以下七个环节：

①要有明确的质量控制目标和质量保证工作计划。

②要建立一个完整的信息传递和反馈系统。

③要有一个可靠有效的计量系统。

④要建立和健全质量控制组织机构，明确职责分工。

⑤组织开展质量控制小组活动。

⑥要与协作单位建立质量的保证体系。

⑦要努力实现管理业务规范化和管理流程程序化。

根据工程项目质量控制系统的构成、控制内容、实施的主体和控制的原理分类如下，质量控制体系分类如图 3-1 所示 [1]。

1　戴金水，徐海升等 . 水利工程项目建设管理 [M]. 郑州：黄河水利出版社，2008:82.

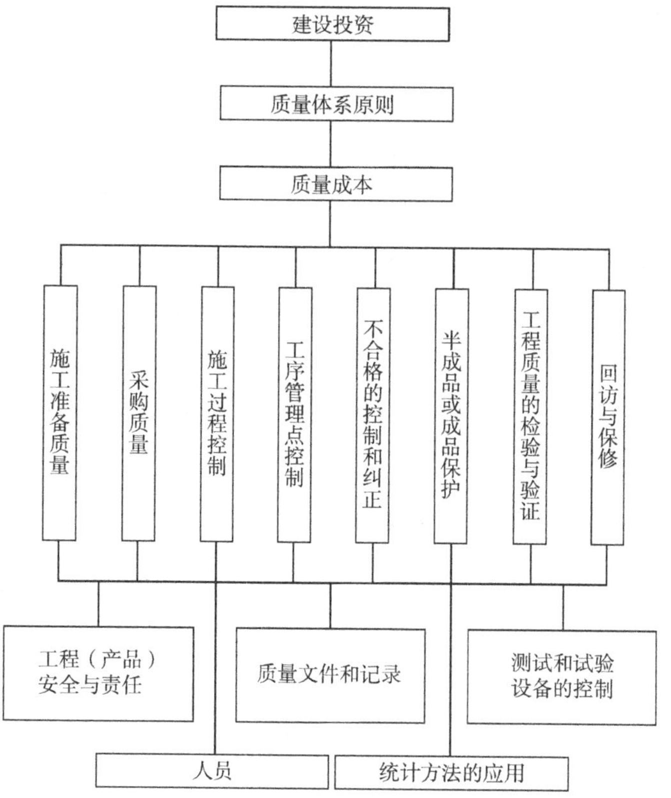

图 3-1 工程项目质量控制体系要素组成

（二）建设工程项目质量控制系统的建立

建设工程项目质量控制系统的建立首先需要质量体系文件化，对其进行策划，根据工程项目的总体要求，从实际出发，对质量控制体系文件进行编制，保证其合理性；然后要定期进行质量控制体系进行评审和评价。

1. 建立工程项目质量控制体系的基本原则

（1）全员参与的分层次规划原则

只有全员参与的质量控制体系当中才能为企业带来利益，又因水利工程的施工的特殊性，还需要对不同的施工单位制定不同的质量控制标准。

（2）过程管理原则

在工作过程中，按照建设标准和工程质量总体目标，分解到各个责任主体，依据合适的管理方式，确定控制措施和方法。

（3）质量责任制原则

施工单位只需做好自己负责项目的工作即可，责任分明，质量与利益相结合，提高工程质量控制的效率。

（4）系统有效性原则

即做到整体系统和局部系统的组织、人员、资源和措施落实到位。

2. 建立步骤

（1）总体设计

质量体系建设的第一步一定要先对整个大的环境进行充分的了解，制订一个符合社会、市场以及项目的质量方针和目标。

（2）质量控制体系文件的编制

编制质量手册、质量计划、程序文件和质量记录等质量体系文件，包括对质量控制体系过程和方法所涉及的质量活动所进行的具体阐述。

（3）人员组织的确定

根据各个阶段方面的侧重部分，合理安排组织人员进行监督，制定质量控制工作制度，按照制度形成质量控制的依据。

（三）工程项目质量控制体系运行

质量控制体系运转的基本方式是按照计划（Plan）→执行（Do）→检查（Check）→处理（Action）的管理循环进行的，它包括四个阶段、八个步骤。

1. 四个阶段

计划阶段：按使用者要求，根据具体生产技术条件，找到生产中存在的问题及其原因，拟定生产对策和措施计划。

执行阶段：按预定对策和生产措施计划，组织实施。

检查阶段：对生产产品进行必要的检查和测试，即把执行的工作结果与预定目标对比，检查执行过程中出现的情况和问题。

处理阶段：把经过检查发现的各种问题及用户意见进行处理，凡符合计划要求的给予肯定，成文标准化；对不符合计划要求和不能解决的问题，转入下一循环，以便进一步研究解决。

2. 八个步骤

分析现状，找到问题，依靠数据做支撑，不武断，不片面，结论合理有据。

分析各种影响因素，要把可能因素一一加以分析。

找出主要影响因素，在分析的各种因素中找到主要的关键的影响因素，对症下药。改进工作，提高质量。

研究对策，针对主要因素拟定措施，制订计划，确定目标。

以上 4 个步骤均属 P（Plan 计划）阶段的工作内容。

执行措施，为 D（Do 执行）阶段的工作内容。

检查工作结果，对执行情况进行检查，找出经验教训，是 C（Check 检查）阶段的工作内容。

巩固措施，制定标准，把成熟的措施订成标准（规程、细则），形成制度。

遗留问题转入下一个循环。

以上最后两个步骤为 A（Action 处理）阶段的工作内容。PDCA 管理循环的工作程序如图 3-2 所示。

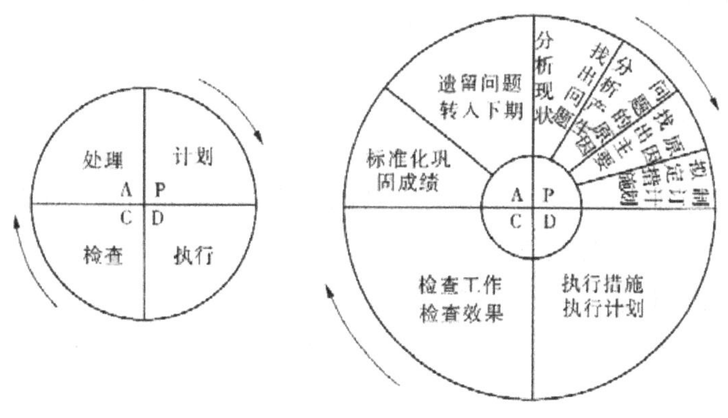

图 3-2 PDCA 工作程序示意图

PDCA 循环工作原理是质量控制体系的动力运作方式，有着以下特点。

（1）四个阶段相互统一成一个整体，一个都不可缺少，先后次序不能颠倒。

（2）施工建设单位的各部门都存在 PDCA 循环。

（3）PDCA 循环在转动中前进的，每个循环结束，质量提高一步，如图 3-3 所示。每经过一次循环，就解决了一批问题，质量水平就有了新的提高。

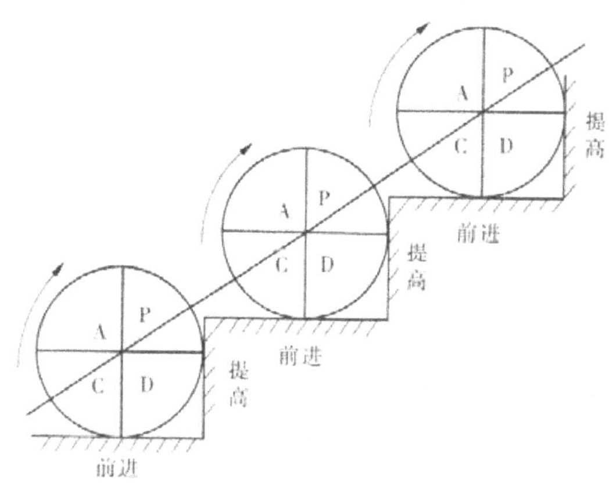

图 3-3 PDCA 循环上升示意图

（4）A 阶段是一个循环的关键，这一阶段的目的在于总结经验，巩固成果，找出偏差，纠正错误，以利于下一个管理循环。

二、工程质量统计与分析

对工程项目进行质量控制的一个重要方法是利用质量数据和统计分析方法。通过收集和整理质量数据，进行统计分析比较，可以找出生产过程的质量规律，从而对工程产品的质量状况进行判断，找出工程中存在的问题和问题产生的原因，然后再有针对性地找出解决问题的具体措施，从而有效解决工程中出现的质量问题，保证工程质量符合要求。

（一）工程质量数据

质量数据是用于描述工程质量特征性能的数据。它是进行质量控制的基础，如果没有相关的质量数据，那么科学的现代化质量控制就不会出现。

1. 质量数据的收集

质量数据的收集总的要求应当是随机地抽样，即整批数据中每一个数据都有被抽到的同样机会。常用的方法有随机法、系统抽样法、二次抽样法和分层抽样法。

2. 质量数据的特征

为了进行统计分析和运用特征数据对质量进行控制，经常要使用许多统计特征数据。

统计特征数据主要有均值、中位数、极值、极差、标准偏差、变异系数。其中，均值、中位数表示数据集中的位置；极差、标准偏差、变异系数表示数据的波动情况，即分散程度。

3. 质量数据的分类

根据不同的分类标准，可以将质量数据分为不同的种类。

（1）按质量数据的特点分类

1）计数值数据。计数值数据是不连续的离散型数据。如不合格品数、不合格的构件数等，这些反映质量状况的数据是不能用量测器具来度量的，采用计数的办法，只能出现 0、1、2 等非负数的整数。

2）计量值数据。计量值数据是可连续取值的连续型数据。如长度、重量、面积、标高等质量特征，一般都是可以用量测工具或仪器等量测，一般都带有小数。

（2）按质量数据收集的目的分类

1）控制性数据。控制性数据一般是以工序作为研究对象，是为分析、预测施工过程是否处于稳定状态而定期随机地抽样检验获得的质量数据。

2）验收性数据。验收性数据是以工程的最终实体内容为研究对象，以分析、判断其质量是否达到技术标准或用户的要求，而采取随机抽样检验获取的质量数据。

4. 质量数据的波动

在工程施工过程中常可看到在相同的设备、原材料、工艺及操作人员条件下，生产的同一种产品的质量不同，反映在质量数据上，即具有波动性，其影响因素有偶然性因素和系统性因素两大类。

（1）偶然性因素造成的质量数据波动。偶然性因素引起的质量数据波动属于正常波动，偶然因素是无法或难以控制的因素，所造成的质量数据的波动量不大，没有倾向性，作用是随机的，工程质量只有偶然因素影响时，生产才处于稳定状态。

（2）系统性因素造成的质量数据波动。由系统因素造成的质量数据波动属于异常波动，系统因素是可控制、易消除的因素，这类因素不经常发生，但具有明显的倾向性，对工程质量的影响较大。

质量控制的目的就是要找出出现异常波动的原因，即系统性因素是什么，并加以排除，使质量只受随机性因素的影响。

（二）质量控制的统计方法

在质量控制中常用的数学工具及方法主要有以下几种。

1. 排列图法

排列图法又称巴雷特法、主次排列图法，主要是用来分析各种因素对质量的影响程度，是分析影响质量主要问题的有效方法。如图 3–4 所示为排列图，纵坐标为 N，N 为频数，根据频数的大小可以判断出主次影响因素：累计频率 0%~80% 的因素为主要因素，80%~95% 为次要因素，95% ~100% 为一般因素。将众多的因素进行排列，主要因素就会令人一目了然，如图 3–5 所示。

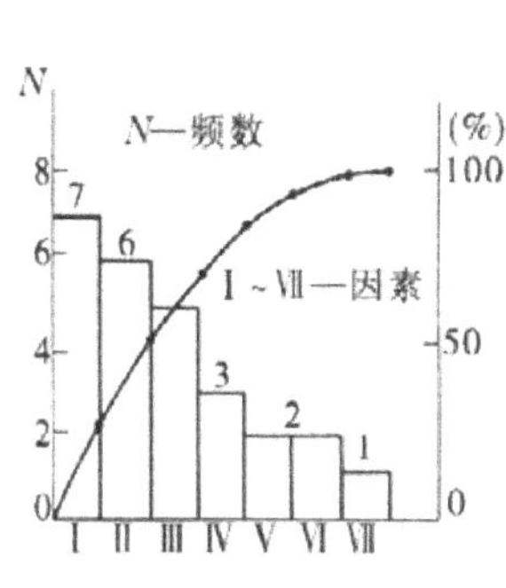

图 3–4 排列图

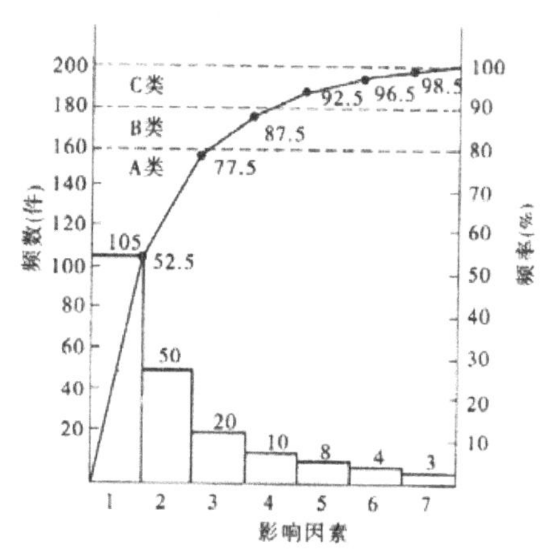

图 3–5 巴雷特曲线

2. 直方图法

直方图法又称频率分布直方图，用来分析质量的稳定程度。它们通过抽样检查，将产品质量频率的分布状态用直方图形来表示，根据直方图形的分布形状，以质量指标均值 $\bar{x}$、标准差 S 和代表质量稳定程度的离差系数或其他指标作为判据、探索质量分布规律，分析和判断整个生产过程是否正常。

例如，如图 3–6 所示，若以工程能力指数 C_P 作判据，$C_P=\dfrac{T}{6S}$，其中 T 为质量指标的允许范围。则有：① $C_P > 1.33$，说明质量充分满足要求，但有超标准浪费。② $C_P = 1.33$，理想状态，生产稳定。③ $1 < C_P < 1.33$，较理想，但应加强控制。④ $C_P \leq 1$，不稳定，应找出原因，采取措施。

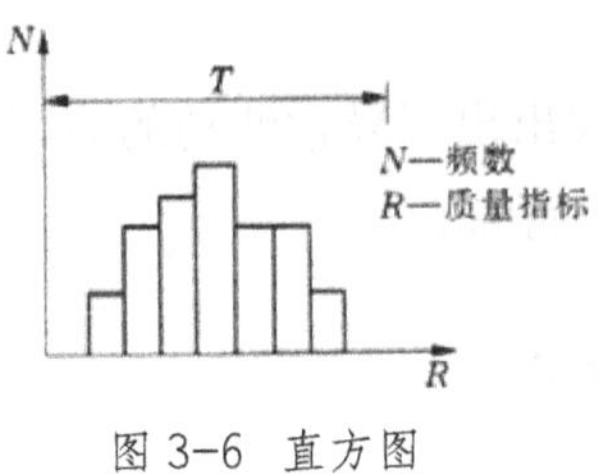

图 3-6　直方图

（1）直方图的分布形式

直方图主要有六种分布形式，如图 3-7 所示。

1）锯齿型，如图 3-7（a）所示，通常是由于分组不当或是组距确定不当而产生的。

2）正常型，如图 3-7（b）所示，说明产品生产过程正常，并且质量稳定。

3）绝壁型，如图 3-7（c）所示，一般是剔除下限以下的数据造成的。

4）孤岛型，如图 3-7（d）所示，一般是由于材质发生变化或他人临时替班所造成的。

5）双峰型，如图 3-7（e）所示，主要是将两种不同的设备或工艺的数据混在一起造成的。

6）平顶型，如图 3-7（f）所示，生产过程中有缓慢变化的因素是产生这种分布形式的主要原因。

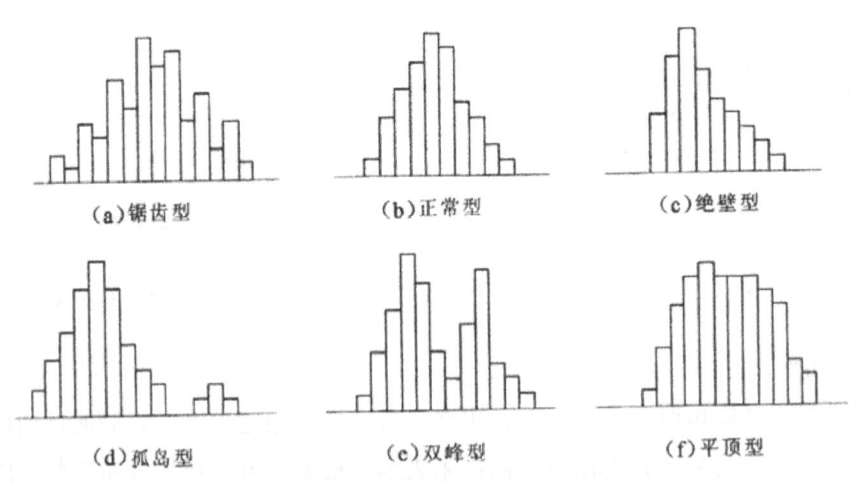

图 3-7 直方图的分布形式

（2）使用直方图需要注意的问题

1）直方图是一种静态的图像，因此不能够反映出工程质量的动态变化。

2）画直方图时要注意所参考数据的数量应大于 50 个数据。

3）直方图呈正态分布时，可求平均值和标准差。

4）直方图出现异常时，应注意将收集的数据分层，然后画直方图。

3. 控制图法

控制图也可以叫作管理图，用于进行适时的生产控制，掌握生产过程的波动状况。如图 3-8 所示，控制图的纵坐标是质量指标，有一根中心线 C 代表质量的平均指标，一根上控制线 U 和一根下控制线 L，代表质量控制的允许波动范围。横坐标为质量检查的批次（时间）。将质量检查的结果，按批次（时间）点绘在图上，可以看出生产过程随时间变化而变化的质量动态，即反映生产过程中各个阶段质量波动状态的图形，如图 3-9 所示。如果工程质量出现问题就可以通过管理图发现，进而及时制定措施进行处理。

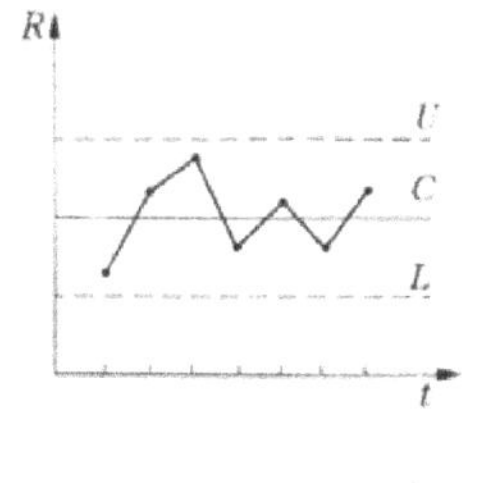

图 3-8 控制图（一）

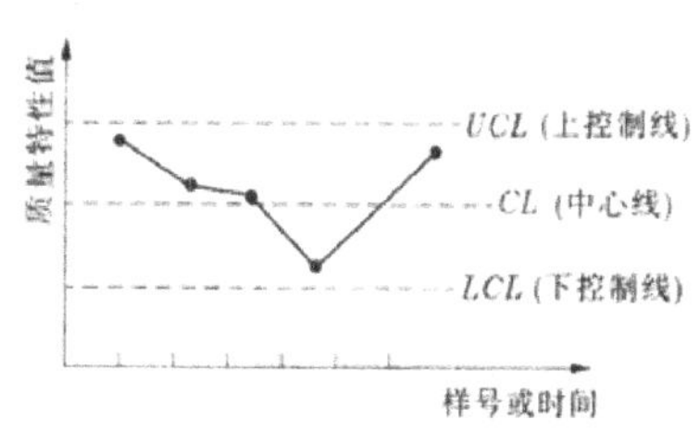

图 3-9 控制图（二）

4. 因果分析图法

因果分析图也叫鱼刺图、树枝图，这是一种逐步深入研究和讨论质量问题的图示方法，如图 3-10 所示。

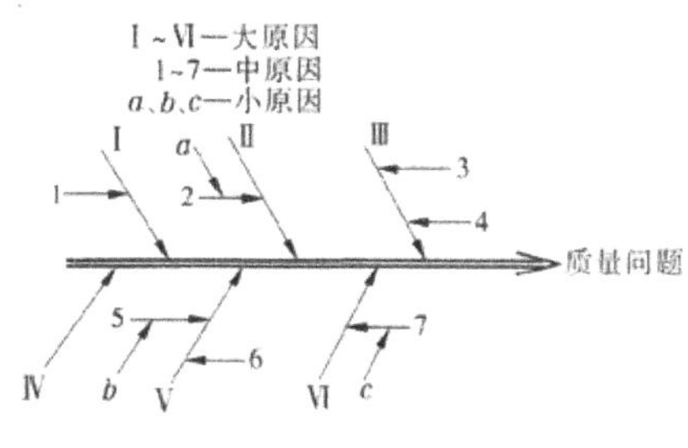

图 3-10 因果分析图（一）

根据排列图找出主要因素（主要问题），用因果分析图探寻问题产生的原因。这些原因，通常不外乎人、机器、材料、方法、环境五个方面。这些原因有大有小。在一个大原因中，还有中原因、小原因，把这些原因按照大小顺序分别用主干、大枝、中枝、小枝来一一列出，如鱼刺状，并框出主要原因（主要原因不一定是大原因），根据主要原因，制定出相应措施，如图 3-11 所示。

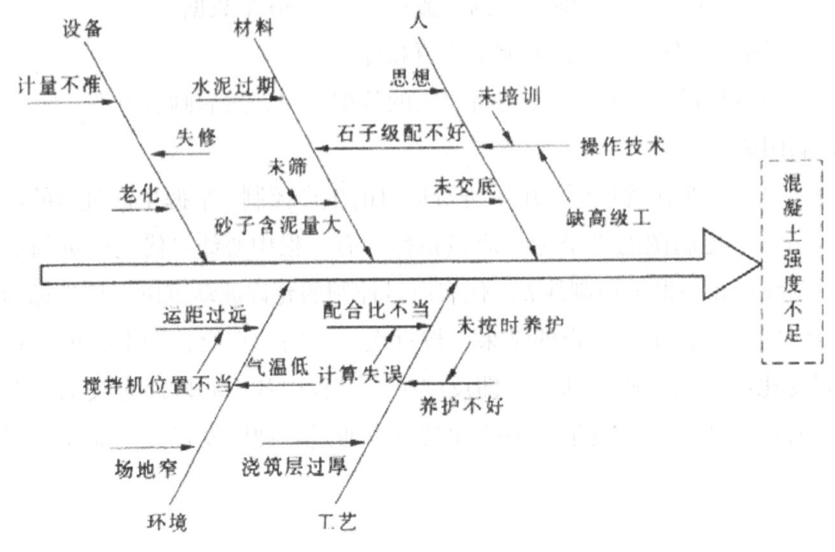

图 3-11 因果分析图（二）

5. 相关图法

产品质量与影响质量的因素之间具有一定的联系，但不一定是严格的函数关系，这种关系叫作相关关系。相关图又称散布图，就是用来分析影响原因之间的相关关系。纵坐标代表某项质量指标，横坐标代表影响质量的某种原因。

相关图的形式有强正相关、弱正相关、不相关、强负相关、弱负相关和非线性相关几种形式，如图 3–12（a）、（b）、（c）、（d）、（e）、（f）。此外还有调查表法、分层法等。

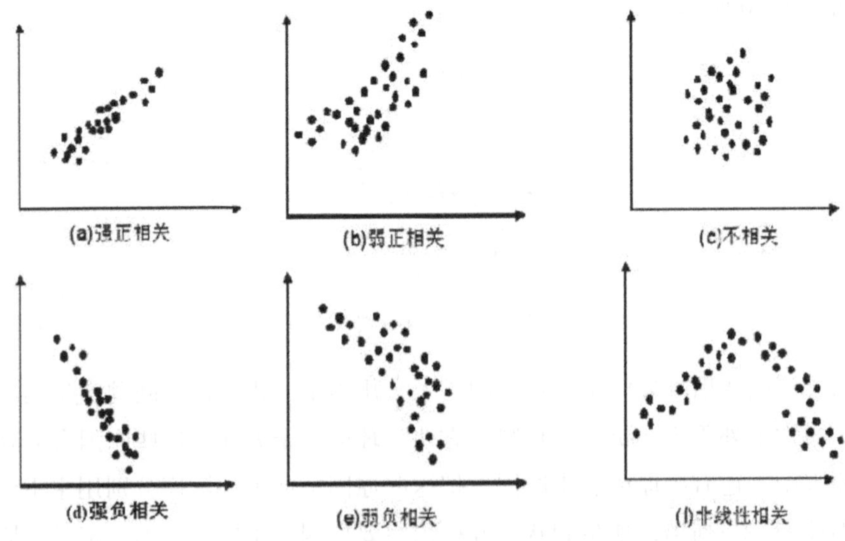

图 3-12 相关图法

第四节 水利工程施工安全控制

一、水利工程项目安全管理基础知识

（一）项目安全管理与安全控制的概念

建设项目安全管理是指经营管理者对安全生产工作进行的策划、组织、指挥、协调、控制和改进的一系列活动，目的是保证在生产经营活动中的人身安全、资产安全，促进生产的发展。安全管理的重点在于安全控制。

建设项目安全控制是通过对施工过程中涉及的计划、组织、监控、调节和改进等一系列致力于满足生产安全所进行的管理活动。按施工项目形成过程的时间阶段划分，建设项目安全控制可分为以下两个环节。

1. 施工准备阶段的安全控制

施工准备阶段的安全控制是指在各工程对象正式施工活动开始前，对各项准备工作及影响施工安全生产的各因素进行控制，这是确保施工安全的先决条件。

2. 施工过程的安全控制

施工过程的安全控制是指在施工过程中对实际投入的生产要素及作业、管理活动的实施状态和结果所进行的控制，包括作业者发挥技术能力过程的自控行为和来自有关管理者的监控行为。

（二）建设项目安全控制的内容

建设项目安全控制的内容就是对施工生产中人的不安全行为、物的不安全状态、作业环境的不安全因素和管理缺陷的控制，以及对施工现场环境保护的控制。

建设项目安全控制内容主要包括以下三项。

（1）安全管理要点。如安全生产许可证、各类人员持证上岗、安全培训记录等；安全生产保证体系。如安全生产管理机构和专职安全生产管理人员、安全物资的保障、安全生产资金的保障等。

（2）安全生产管理制度。如安全生产责任制度、安全教育培训制度、安全技术管理制度、安全检查制度、安全事故报告制度、应急救援制度、安全生产资金保障制度、三类人员考核任职制与特种作业人员持证上岗制等。

（3）安全事故管理。如安全事故报告、现场保护、事故调查与处理等。施工现场的环境保护、文明施工、消防安全等的控制。

（三）建设项目安全控制的方针和目标

1. 建设项目安全控制的方针

安全控制的目的在于安全生产，因此安全控制的方针也应符合安全生产的方针，即“安全第一，预防为主”。

（1）“安全第一”是把人身的安全放在首位，安全为了生产，生产必须保证人身安全，充分体现了“以人为本”的理念。

（2）“预防为主”是实现安全第一的最重要手段，采取正确的措施和方法进行安全控制，从而减少甚至消除事故隐患，尽量把事故消灭在萌芽状态，这是安全控制最重要的思想。

2. 建设项目安全控制的目标

安全控制的目标是减少和消除生产过程中的事故，保证人员健康安全和财产免受损失。具体可包括：

（1）减少或消除人的不安全行为的目标。

（2）减少或消除设备、材料的不安全状态的目标。

（3）改善生产环境和保护自然环境的目标。

（4）安全管理的目标。

（四）建设工程项目安全管理的基本原则

1. 管生产同时管安全

安全寓于生产之中，并对生产发挥促进与保证作用。管生产同时管安全，不仅是对各级领导人员明确安全管理责任，同时，也向一切与生产有关的机构、人员明确了业务范围内的安全管理责任。

2. 坚持安全管理的目的性

安全管理的内容是对生产中的人、物、环境因素的管理，有效地控制人的不安全行为和物的不安全状态，消除或避免事故，达到保护劳动者的安全与健康的目的。没有明确目的的安全管理是一种盲目行为，在一定意义上，盲目的安全管理只能纵容威胁人的安全与健康的状态向更为严重的方向发展或转化。

3. 必须贯彻预防为主的方针

安全生产的方针是“安全第一，预防为主”。安全第一是从保护生产力的角度和高度，表明在生产范围内安全与生产的关系，肯定安全在生产活动中的位置和重要性。进行安全管理不是处理事故，而是在生产活动中，针对生产的特点，对生产因素采取管理措施，有效地控制不安全因素的发展与扩大，把可能发生的事故消灭在萌芽状态，以保证生产活动中人的安全与健康。

4. 坚持“四全”动态管理

安全管理不是少数人和安全机构的事，而是一切与生产有关的人共同的事。安全管理涉及生产活动的各方面，涉及从开工到竣工交付的全部生产过程，涉及全部生产时间，涉及一切变化着的生产因素。因此，生产活动中必须坚持全员、全过程、全方位、全天候的动态的安全管理。

5. 安全管理重在控制

进行安全管理的目的是预防、消灭事故，防止或消除事故伤害，保护劳动者的安全与健康。在安全管理的主要内容中，虽然都是为了达到安全管理的目的，但是对生产因素状态的控制，与安全管理目的关系更直接，显得更为突出。因此，对生产中人的不安全行为和物的不安全状态的控制，是动态的安全管理的重点。

6. 在管理中发展提高

既然安全管理是在变化着的生产活动中的管理，是一种动态管理，其管理就意味着是不断发展变化的，以适应变化的生产活动，消除新的危险因素。然而，更为需要的是不间断地摸索新的规律，总结管理、控制的办法与经验，指导新的变化后的管理，从而使安全管理不断上升到新的高度。

二、水利工程项目安全管理的方法

（一）工程施工安全管理原理

1. 系统原理

系统原理是现代管理学的一个最基本原理，是指人们在从事管理工作时，运用系统观点、理论和方法，对管理活动进行充分的系统分析，以达到管理的优化目标，即用系统论的观点、理论和方法来认识和处理管理中出现的问题。建设工程施工安全系统原理，就是在施工安全管理的过程中，合理地协调处理投资、进度、质量和安全之间的关系，使四大目标管理能有机配合和相互平衡，以求最优地实现工程的目标。

2.PDCA 循环原理

其是人们在管理实践中形成的基本理论方法。从实践论的角度，管理就是确定任务目标，并按照 PDCA 循环原理来实现预期目标，因此，PDCA 循环是目标管理的基本方法。

3. 动态管理和控制原理

建设工程施工安全管理涉及施工生产活动的各方面，涉及施工准备到竣工交付的安全生产过程，涉及全部生产时间，涉及所有不断变化的生产要素，因此，建设工程施工安全管理应该根据不同的生产时间、生产对象、作业环境等进行动态管理和控制。动态的全过程控制包括事前控制、事中控制和事后控制。

（1）事前控制。首先是编制周密的施工安全管理计划，建立和健全施工安全保障体系；其次是按工程施工安全计划进行安全生产活动前的准备工作状态的控制。

（2）事中控制。首先对施工安全生产过程各项技术作业活动操作者的自我行为的约束；其次是对施工安全生产过程及其结果进行的监控。

（3）事后控制。首先是对施工生产活动结果进行分析，判断实际值与目标值是否存在差异；其次是对存在差异并产生安全隐患的事项，采取措施进行纠正，保持安全受控状态。

（4）安全风险管理原理。建设工程安全风险管理原理，就是通过识别与建设工程施工现场相关的所有危险源以及环境因素，评价出重大危险和环境因素识别、评价和控制活动与安全管理其他各要素之间的联系，对其实施进行管理和控制。这也体现了系统的、主动的事故预防思想。

（二）工程施工安全管理方法

1. 安全目标管理法

安全目标管理法，就是根据施工企业的总体规划要求，制订出一定时期的施工安全目标，以及为实现目标所展开的一系列组织、激励、控制等活动。安全目标管理方法的中心是尽力避免组织目标与个人要求相矛盾而造成强制性管理控制和人才资源的浪费，并尽可能地将安全管理建立在组织目标与个人要求的基础上，调动全体职工的生产积极性，以提高整个施工企业的经济效益。安全目标管理法的基本内容是：

（1）将整体安全目标逐级分解到基层，从而形成自下而上、自个体岗位到部门的层层目标体系。

（2）建立分权组织体制，上级根据分解安全目标的内容在一定范围内给下级最大限度的权力，使下级充分运用权力谋求安全目标的完成。

（3）制订实现安全目标的具体计划、方法和评价标准。

（4）对安全目标实现的情况实行定期检查和考核，并据此实行奖惩。

（5）在安全目标完成后，再制订新的安全目标体系，形成新的安全目标管理过程，开始新的循环，安全目标管理的本质是注意工作成果，营造充分发挥主动性和创造性的组织环境，激发奔向安全目标的强烈动机。

2. 全面管理法

全面管理法，也称“四全”管理法，是指施工企业的施工安全管理应采用全过程、全方位、全员参与和全面综合运用各种有效的现代管理方法。

（1）全过程管理。建设施工安全涉及工程实施阶段的全部过程，每个阶段都对工程施工安全起着重要的作用，但各个阶段的工作内容和安全要求不同。

（2）全方位管理。建设工程施工安全生产的全方位管理，就是对整个建设工程所有工作内容都要进行管理。

（3）全员参与管理。从全方位管理的观点看，无论是施工单位内部的管理者还是作业者，每个岗位都承担着相应的安全生产职责，一旦确定了安全生产方针和安全目标，就应组织和动员全体员工参与到实施安全生产方针的系统活动中去，发挥自己的角色作用。同时，全员参与安全管理作为全面安全管理所不可缺少的重要手段就是目标管理。

（4）全面的方法。建设工程施工安全生产的管理，可采用所有的方法，包括社会科学的方法和自然科学的方法。

第四章

水利工程水土保持设计与审查创新

第一节 水利工程水土保持设计探析

一、水土保持综合调查

水土保持综合调查是水土保持规划的重要工作内容，需围绕编制水土保持规划的需要，预先安排综合调查项目和内容，同时，应对参与调查的人员进行先期培训，明确调查目的、要求、内容和方法。

（一）自然地理环境条件调查

自然地理环境条件调查主要调查地貌、土壤与地面物质、植被、降雨和其他农业气象与水土流失和水土保持相关的项目及内容。

1. 地质地貌调查

地质调查主要调查地质构造、地层、岩石种类、分布面积、范围、风化程度、风化层厚度以及突发性和灾害性地质现象等内容。地貌调查包括宏观地貌调查和微观地貌调查，宏观地貌调查首先从现有资料上了解地貌分区，再在调查范围内选几条主要路线进行调查，对分区的界线和各区的范围进行验证。主要了解山地（高山、中山、低山）、高原、丘陵、平原、阶地、沙漠等地形以及大面积的森林、草原等天然植被，作为大面积水土保持规划中划分类型区的主要依据之一。微观地貌调查以小流域为单元进行地形测量或利用现有的地形图进行有关项目的量算，并在上、中、下游各选有代表性的沟面和沟道，逐坡逐沟地进行现场调查，主要了解以下两个方面。

（1）沟道情况调查

干沟长度、主要支沟长度；全流域平均（或分上、中、下游）沟壑长度；沟壑面积占流域总面积的比例；上、中、下游干沟和有代表性主要支沟的比降；沟底宽度和沟谷宽度。

（2）坡面情况调查

着重调查坡面长度、地面坡度组成等内容。

2. 土壤调查

土壤调查也分为宏观调查和微观调查，宏观调查作为划分大面积规划分区依据之一，根据现有地理、土壤等科研部门的研究成果进行初步划分，然后到现场调查验证，了解其分布范围、面积和变化情况，主要包含以下三方面内容。第一，根据山区地面组成物质中土与石占地面面积的比例，划分石质山区、土质山区或土石山区。划分的标准是：以岩石构成山体、基岩裸露面积大于70%者为石质山区；以各类土质构成山体、岩石裸露面积小于30%者为土质山区；介于两者之间为土石山区。着重了解裸岩面积的变化情况。第二，根据丘陵或高原地面组成“物中大”的土类进行划分，如东北黑土区、西北黄土区、南方红壤区等，着重了解土层厚度的变化情况。第三，根据地面覆盖明沙的程度，确定沙漠或沙地的范围。着重了解沙丘移动情况和规律、沙埋面积、厚度及沙化土地扩大情况。

在小面积规划中，除进行宏观调查外，还需具体调查坡、沟不同位置的土壤和土质情况，作为土地利用规划与治理措施布局的依据。①调查坡沟不同部位的土层厚度、土壤质地、容重、孔隙率，取样分析氮、磷、钾及有机质含量，了解农、林、牧业的适应性，作为土地资源评价的依据。②对于需修建梯田（地）的坡耕地，重点调查土层厚度是否能适应修建水平梯田（地）。对于需造经济林或建果园的荒山坡地，也应调查土层厚度，以便规划中采取相应的树种和整地工程。③对需要取土、取石作为修筑坝库建筑材料的地方，应详细调查天然建筑材料（土料、砂料、石料）的分布、数量和质量。

3. 植被调查

植被调查的宏观调查内容是划分不同类型区的主要依据之一。根据自然地理、植物、林业、畜牧等部门的科研成果做初步划分，然后到现场调查验证，着重了解如下内容：①调查天然林区与草原的分布范围、面积、主要树种、林分、草地、群落组成。②调查树木与草类的生长情况。③林草植被覆盖度。④调查森林和草原的历史演变情况。⑤通过调查，应对需列为重点防护区需采取封育措施的林地和草地提出建议，并明确其位置、范围和面积。

（二）自然资源调查

土地资源调查主要包括土地类型和土地利用现状调查。大面积宏观调查与小面积微观调查的项目和内容基本一致，但要求精度不同。

土地类型是按土地在自然环境中形成、发育规律而进行分类的，是具有相同土地自然要素——气候、植被、土壤、水文、地貌等特性的自然综合体，反映了土地自然特点的差异性。在水土保持调查中，土地类型一般指按土地所在位置及其地貌特征分类。宏观调查中，一般分山地、坡地、沟地、平地等几个大类；微观调查，在山地中又分山顶地、山腰地、山脚地，坡地中又分缓坡（小于5°）、中坡（5°~15°）、陡坡（15°~25°）、急陡坡（大于25°），在沟地中又分沟坡地、沟台地、沟底地等。土地利用现状调查按照《土地利用现状分类》（GB/T 21010—2017）国家标准确定的土地利用现状分类，确定不同土地类型的土地利用方式、面积、土地的质量等。《土地利用现状分类》国家标准采用一级、二级两个层次的分类体系，共分12个一级类、73个二级类。其中一级类包括：耕地、园地、林地、草地、商服用地、工矿仓储用地、住宅用地、公共管理与公共服务用地、特殊用地、交通运输用地、水域及水利设施用地、其他土地。

（三）水资源调查

水资源调查以地表水为主，同时调查地下水。包括：年径流量、暴雨量、洪峰流量、洪水过程线、年际及年内分布、可利用的水量等；地下水资源类型、储量、分布、可开发利用量等；地表水和地下水资源的水质，是否符合生活饮用水质标准或农田灌溉用水水质标准。

大面积总体规划中，收集水利部门的水利区划成果和水文站的观测资料，结合局部现场调查验证，着重了解以下内容：①年均径流深的地区分布。根据河川径流量地表径流等值线图，按不同年均径流深将规划范围划分为不同的径流带。②提出各带分布范围与面积、人均水量和单位面积耕地平均水量，着重调查人畜饮水困难地区的分布范围、面积，涉及的县、乡、村与人口、牲畜数量、困难具体程度和解决的途径。③不同类型地区地表径流的年际分布（最大、最小、一般）与年内季节分布（汛期洪水占年总径流的比重）。④河川径流含沙量最大、最小、一般，河川径流利用现状、存在问题与发展前景。

小面积实施规划中，以小流域为单元在上、中、下游干沟和主要支沟进行具体调查。调查非汛期的常水流量和汛期中的洪水流量、含沙量。

（四）生物资源调查

着重调查有开发利用价值的植物资源和动物资源，以植物资源为主。在植物资源中着重调查可供用材、果品、纤维、编织（含工艺品）、药用、油脂、淀粉、染料、山货、观赏等方面开发利用的树种和草类。在动物资源中着重调查易于饲养、繁殖、肉皮毛绒等产品在市场上有竞争力的畜、禽、鱼、虫和珍奇动物。大面积规划中，从植物、动物、农业、林业、畜牧、水产、综合经营等部门收集有关资料，结合局部现场调查，进行验证。小面积规划中，除查阅有关资料外，着重现场调查和向有经验的农民进行访问。

（五）气候资源

在大面积规划中，可根据气象站、水文站的观测资料，结合农业气象，就光热资源的以下三项主要指标进行调查，作为不同类型区的分区依据之一。包括：年均不小于10℃的积温、年均日照时数、年均辐射总量。小面积规划中，调查内容与方法和大面积规划相同，但要注意引用资料的观测站必须与规划小流域属于同一类型区，而且两者之间没有高山阻隔的影响。

（六）矿产资源

矿产资源调查内容包括矿产资源的类别、储量、品种、质量、分布、开发利用条件等。着重了解煤、铁、铝、铜、石油、天然气等各类矿藏分布范围、蕴藏量、开发情况，矿业开发对当地群众生产生活和水土流失、水土保持的影响以及发展前景等。对因开矿造成水土流失的，应选有代表性的位置，具体测算其废土、弃石剥离量与年均新增土壤流失量。

（七）社会经济条件调查

1. 人口、劳力调查

人口调查内容包括：人口总量、人口密度、城镇人口、农村人口、农村人口中从事农业和非农业生产的人口；各类人口的自然增长率；规划期内可能出现的变化；人口素质、文化水平。劳力调查主要调查现有劳力总数，其中城镇劳力与农村劳力、农村劳力中男、女、半劳力，从事农业与非农业生产的劳力；从事农业生产劳力中一年实际用于农业生产的时间，可能用于水土保持的时间，在水土保持中使用半劳动力和辅助劳力的情况；各类劳力的自然增长率，规划期内可能出现的变化。大面积规划时，主要是从相关统计部门收集资料，按不同类型区分别进行统计计算。对各类型区劳力使用情况，应选有代表性的小流域进行典型调查。小面积规划，主要是从乡镇及行政村收集有关资料，按规划范围进行统计计算。如小流域内上、中、下游人口密度和劳力分布等情况不一样，应按上、中、下游分别统计。对其劳力使用情况，需向群众进行访问，结合在某些施工现场进行调查加以验证。

2. 农村各业生产调查

大面积规划侧重农村产业结构，根据规划范围内各地农村不同的产业结构，提出不同类型区的生产发展方向。小面积规划侧重根据农村产业结构和各业生产中存在的具体问题，研究规划中采取的相应对策。主要包括：①产业结构调查农、林、牧、副、渔等各工商业的产值结构、产品结构、使用劳力数量、土地利用结构等，同时调查近年来拍卖“四荒”地（荒山、荒沟、荒滩、荒丘）使用权情况及其对农村各业生产与水土保持的影响。②生产水平和技术主要调查粮经作物种植比例、种植种类、耕作水平、各类作物的投入和产出状况、不同年景的单产和总产水平，耕地中基本农田所占比重、主要经验和问题。③林果业调查林种、树种、产值、产品及投入产出状况、管理技术、作业工具、方式等。④畜牧业调查畜群结构、畜产品及产值、投入产出状况、饲养规模、水平等。⑤副业调查主要副业类型、投入产出状况等。⑥渔业调查人工养殖和天然捕捞的产品种类、利用或捕捞水面的面积、产品产值、投入产出状况和技术水平等。⑦其他产业包括工业、建筑业、交通运输业、服务行业的产品、产值、发展前景等。大面积规划主要从相关部门收集资料，辅之以调查验证。小面积规划除资料收集外，还应在小流域的上、中、下游，各选择有代表性的乡、村、农户和农地、林地、鱼塘和各类副业操作现场进行深入的典型调查或抽样调查。

3. 群众生活水平调查

调查内容主要包括人均粮食和现金收入，同时还包括了解燃料、饲料、肥料和人畜饮水供需情况。除在规划范围内进行一般调查外，还应选择“好、中、差”三种不同经济情况的典型农户进行针对性调查。规划实施后还应跟踪调查、了解其变化情况。主要包括：①人均粮食及收入调查人均粮食及现金收入应按照调查时农村总人口计算，其中，人均粮食需调查不同年景（丰年、平年、歉年）的情况，人均收入应了解收入来源组成，大面积规划应对不同类型地区分别统计，小流域规划中，如果上、中、下游收入有较大差异亦应分别统计，并说明其原因。②燃料、饲料、肥料情况调查小面积规划中逐村进行具体调查，大面积规划中对不同类型地区分别选有代表性的小流域进行调查，调查内容包括燃料、饲料、肥料各自缺乏程度、有此问题的范围、面积、涉及的农户和人口数量。③人畜饮水情况调查小面积规划中逐村进行具体调查，大面积规划中对不同类型地区分别选有代表性的小流域进行调查。调查内容包括了解人畜饮水缺乏的程度、范围、面积、涉及的农户、人口和牲畜数量。划分人畜饮水困难的标准为：取水地点距农民住处垂直高差 200m 以上，水平距离 500m 以上。

（八）水土流失调查

1. 水土流失现状调查

水土流失现状重点调查侵蚀类型（水力侵蚀、重力侵蚀、风力侵蚀）及其侵蚀强度（微度、轻度、中度、强度、极强度、剧烈）的分布面积、位置与相应的侵蚀模数，并以此推算调查区的年均侵蚀总量。水力侵蚀调查包括面蚀和沟蚀，面蚀调查中要特别注意细沟侵蚀地调查，沟蚀调查包括沟头前进、沟底下切与沟岸扩张三方面。调查中应分别了解其年均侵蚀数量。重力侵蚀主要在沟壑内，调查应包括崩塌、滑塌、泻溜等主要形态及其与水力侵蚀相伴产生形成的泥石流。调查中应分别了解崩滑数量及其在沟中被冲走数量和影响的土地面积。在有大型滑坡和大量泥石流的地方，应另作专项调查。风力侵蚀调查包括风力将原来的土壤（或沙粒）扬起刮走和外地的土壤（或沙粒）吹来埋压土地两方面。调查中应了解土壤（沙粒）刮走和运来的数量。在风沙区应调查沙丘移动情况。

各类土壤侵蚀形态，分别调查其侵蚀模数，并根据水利部颁发的《土壤侵蚀分类分级标准》（SL 190—2007）分别划定其侵蚀强度。大面积规划中的调查应注意到：收集有关部门对土壤侵蚀分区的研究成果，进行规划范围的水土流失分区。在不同类型区内选有代表性的小流域进行水土流失情况的具体调查，加以验证。小面积规划的调查应结合自然条件中地貌的调查和土地资源中土地类型及土地资源评价等调查，逐坡逐沟地具体调查面蚀、沟蚀、重力侵蚀、风力侵蚀等各种侵蚀类型的分布位置、面积及其侵蚀模数；根据各类侵蚀分布情况绘制土壤侵蚀分布图，用求积仪量算各类侵蚀的面积。侵蚀强度的调查，对某一具体位置可根据地中或地边的树木、墓碑等根部地面多年下降的情况加以量算；或根据地面的坡度、坡长、土质、植被等情况，引用同一类型区水土保持站的观测资料。对各类土地的综合侵蚀强度，可根据沟中库坝拦泥量进行推算。

2. 水土流失危害调查

水土流失危害的调查，应对当地的危害和对下游的危害两方面进行调查。

（1）对当地的危害

重点调查降低土壤肥力和破坏地面完整。在水土流失严重的坡耕地和耕种多年的水平梯田田面，分别取土样进行物理、化学性质分析，并将其结果进行对比，了解由于水土流失使土壤含水量和氮、磷、钾、有机质等含量变低、孔隙度变小、密度增大等情况。同时，相应地调查由于土壤肥力下降增加了干旱威胁、使农作物产量低而不稳等问题。对侵蚀活跃的沟头，现场调查其近几十年来的年均前进速度，年均吞蚀土地的面积。用若干年前的航片、卫片，与近年的航片、卫片对照，调查由于沟壑发展使沟壑密度和沟壑面积增加，可利用的土地减少情况。崩岗破坏地面的调查与此要求相同。调查由于上述危害造成当地人民生活贫困、社会经济落后，给农业、商业、交通、教育等各业带来的不利影响。

（2）对下游的危害加剧洪涝灾害

调查几次较大暴雨中，没有进行水土保持规划措施的小流域及流域出口处附近平川地遭受洪水危害情况，包括冲毁的房屋、田地、伤亡的人畜等各类损失。泥沙淤塞水库、塘坝、农田。调查在规划范围内被淤水库、塘坝、农田的数量和面积，损失的库容，被淤农田（或造成“落河田”），每年损失的粮食产量。泥沙淤塞河道、湖泊、港口。调查影响航运里程。调查其在若干年前的航运里程，与目前航运里程对比（注意指出可能还有其他因素）。调查影响湖泊容量、面积及其对国民经济的影响；调查影响港口深度、停泊船只数量、吨位等。

3. 水土流失成因调查

水土流失成因调查包括自然因素调查和人为因素调查。自然因素调查为结合规划范围内自然条件的调查，了解地形（地面组成物质）、植被等主要自然因素对水土流失的影响。对于大面积规划，应根据不同自然条件划分各个类型区，由于地形、降雨、土壤、植被的差异，影响水土流失数量差异很大，可通过各类型区的水文站的径流泥沙观测资料进行对比分析，了解四项主要自然因素及其不同组合情况对水土流失的影响。

对于小面积规划，结合不同土地类型与不同土地利用情况不同的土壤侵蚀强度，现场调查地形（坡度、坡长）、土壤（地面物质组成）、植被对各水土流失的影响。根据不同类型区内水土保持站的观测资料进行验证，并将不同年降雨量和不同暴雨情况下的水土流失量进行对比，了解降雨对水土流失的影响。人为因素调查为以完整的中、小流域为单元，全面系统地调查规划范围内由于开矿、修路、陡坡开荒、滥牧、滥伐等人类活动破坏地貌和植被、新增的水土流失量；结合水文观测资料，分析各流域在大量人为活动破坏以前和以后洪水泥沙变化情况，加以验证。同时，调查可能引起水土流失的政策、土地利用经营方式和能源紧缺情况。

（九）水土保持现状调查

水土保持现状调查主要包括对调查范围内水土保持工作发展过程、积累的经验及存在的问题进行调查。水土保持发展过程调查要重点了解规划范围内开始搞水土保持的时间，其中经历的主要发展阶段，各阶段工作的主要特点，整个过程中实际开展治理的时间。水土保持成绩调查主要调查各项治理措施的开展面积和保存面积、质量。骨干工程的分布与作用。大面积调查中应了解重点治理小流域的分布与作用。各项治理措施和小流域综合治理的基础效益（保水、保土）、社会效益、生态效益。水土保持经验调查包括措施经验和组织实施经验。其中，措施经验调查包括着重了解水土保持各项治理措施如何结合开发、利用水土资源建立商品生产基地，为发展农村市场经济、促进群众脱贫致富奔小康服务的具体做法，并包括各项治理措施的规划、设计、施工、管理、经营等全程配套的技术经验。组织实施经验包括着重了解如何发动群众、组织群众，如何动员各有关部门和全社会参加水土保持，如何用政策调动干部和群众积极性的具体经验。水土保持中存在问题的调查为着重了解工作过程中的失误和教训，包括治理方向、治理措施、经营管理等方面工作中存在的问题；同时了解客观上的困难和问题，包括经费困难、物资短缺、人员不足，坝库淤满需要加高、改建等问题；今后开展水土保持的意见。根据规划区的客观条件，针对水土保持现状与存在问题，提出开展水土保持的原则意见，供规划工作中参考。

二、水土流失、土地资源、经济要素评价

（一）水土流失评价

水土流失是一个非常复杂的过程，目前，对于影响水土流失的各个因素的作用机理研究还不够透彻。地形地貌、土壤和地表物质、降雨、植被和人为活动等这些因素都随着时间和空间的不同而不断变化，这些因素不同的组合，所引起的水土流失也有很大差别。如何正确地确定这5个因子，是水土流失趋势预测、正确进行水土保持规划成败的关键影响因素之一。这5个影响因子中，有的能够进行预测，有的难以预测，但对5个因子进行综合分析可知，5个因子可以分为静态因子和动态因子。

所谓静态因子，是指在一个相当长的时段内不发生变化或变化很小的因子，如地形和地貌因子、土壤和地表物质；而动态因子，是指在不太长的时间内就可能发生变化的那些因子，如降雨、植被和人为活动。其中，地形和地貌因素是影响侵蚀产沙的重要因素，例如，黄河中游各种地形形态是内外营力长期作用的结果，这一结果又反作用于侵蚀，影响侵蚀发展。有关这两个地形因子的定量表述，分别是沟谷密度和切割深度或地面割裂度。这两个地形因子的强度是多种侵蚀因素长期作用与反作用的结果。但它的发展速度极其缓慢，在几年、几十年内其变化量还不足以影响到侵蚀量发生变化。因此，这两个因子可视为静态因子。土壤和地表组成物质的物理化学特性是周围环境长期作用的结果。尽管它们自始至终都在变化，但是这种变化极其缓慢，在一定时段内不会产生明显大的变化。因而土壤和地表组成物也可看作静态因子，其预测时段值也相同于现状值。降雨因子对水土流失往往起着主导作用，但是降雨因子中的降雨量和降雨强度无论是在区域分布、年内分布还是在年际分布均有较大的差异，特别是降雨强度，随时间的变化程度非常明显，而且难以预测，因此，降雨因子应为动态因子。

最后要提到植被和人为活动，植被是影响侵蚀的重要因素。在自然状态下，植被因素的属性取决于生物气候带，或当地的局部气候条件。但人类活动作用过的地区，植被遭受到很大破坏，给人类生存环境带来很大影响，人们正在竭尽全力恢复植被的同时仍然存在破坏。人类对自然植被的破坏是影响土壤侵蚀最主要的人为因素，而人类对水土流失治理在时间和空间上均表现为动态变化，因此，人类活动也为动态因子。

（二）土地资源评价

土地资源评价又可称土地评价：是在土地资源调查、土地类型划分完成以后，在对土地各构成因素及综合体特征认识的基础上，以土地合理利用为目标，根据特定的目的或针对一定的土地用途来对土地的属性进行质量鉴定和数量统计，从而阐明土地的适宜性程度、生产潜力、经济效益和对环境有利或不利的后果，确定土地价值的过程。土地资源评价基本特征是比较土地利用的要求和土地质量的水平。实质为农业用地对土地生

产力高低的鉴定、城镇用地对土地使用价值大小的鉴定。因此，土地评价是对土地自然属性和社会经济要素的综合鉴定，将土地按质量差异划分为若干相对等级，以表明在一定的技术经济条件下，待评土地对于某种特定用途的生产能力和价值的大小。

根据土地评价目的，土地评价可分为土地自然适宜性评价、土地生产潜力评价、土地经济评价。土地适宜性是指某作物或土地利用方式对一定地区土地的自然条件（如气候、土壤、地貌、水文等）的适宜程度。土地适宜性评价是指某块土地针对特定利用方式是否适宜、适宜程度如何进行等级评定。土地按照其适宜用途分为多宜性（适宜多种用途，农、林、牧等）、双宜性（仅适宜于两种用途）、单宜性和不宜性。土地适宜性评价包括当前适宜性评价（现状）和潜在适宜性评价（土地改良后，土地对特定用途的适宜性评价）。土地潜力，有人称作“土地利用能力”，是指土地在用于农林牧业生产或其他利用方面的潜在能力。土地潜力评价，或称土地潜力分类，主要依据土地的自然性质（土壤、气候和地形等）及其对于土地的某种持久利用的限制程度，就土地在该种利用方面的潜在能力对其做出等级划分。例如，就土地的农业利用而言，潜力评价的任务是依据土壤、气候、地形等要素对土地的持久农业利用的限制程度，及由这种限制程度所决定的作物的潜在生产率和耕作方式的可选择性，对土地做出等级划分。土地经济评价，是指土地在一定的土地利用方式下对其经济效益的综合鉴定。

评价土地的质量，途径之一是偏重于自然条件即组成要素的评价，称为土地的自然评价。其基本思想是通过对组成土地的自然要素的分析，反映在一定的科学技术水平和经营管理条件下，各种土地在生产或其他利用方面的潜力或适宜性。就土地的农业生产利用而言，这类评价主要考虑农作物或林木、牧草对土地自然属性的需求，以及人类目前对土地限制条件的改造能力，而不具体地考虑人类劳动和物质投入的耗费情况。因此，在这类评价中常把土地的自然生产力作为土地质量评价的综合指标。

土地资源评价方法分为直接法和间接法，直接法是指通过试验了解土地质量对某种用途的影响大小从而确定其适宜性及适宜程度。间接法是对影响土地生产力的各种性质（这些性质对土地用途起着明显的作用）做出诊断，由此推论土地的质量。间接法又可分为归类法和数值法。间接法以针对一定利用方式的土地质量优劣为依据，判断其生产力大小（或适宜性与适宜程度，潜力高低等），也即根据各类土地在生产实践上的相似性与差别，对土地类型再次进行组合、分类和排队，并做出相应的解释或结论。数值法首先选出决定土地生产力的诸要素，根据各要素性质的特点定出评价标准，按照一定的数学公式计算数量指标，把计算结果作为土地评价单元的定级标准。评价方法包括指数法、聚类分析法、模糊综合评价法等。

（三）经济要素评价

（1）人口结构分析与评价，包括数量结构分析和质量结构分析

人口数量结构分析主要分析包括人口的年龄结构、性别结构和劳动力与非劳动力

的组成结构。人口年龄结构状况，是决定未来人口发展的基础，合理的人口年龄结构为老中少比例恰当、社会负担系数小、人口老化程度低。人口质量结构分析主要分析文化素质构成和人口健康水平。文化素质结构分析主要考虑人口文化构成，统计计算各文化程度占总人口比例。健康水平包括残疾和非残疾人口，非残疾劳动力可按体力状况来进行分析。

（2）产业结构分析，包括产出结构分析及投入结构分析

以价值指标体现产出结构，即以货币量作为产出的度量标准。投入结构主要分析劳动就业结构、土地利用结构以及资金分配结构。同时，对上述指标进行分析的过程中，需分析结构变化值和结构效应值。结构变化值反映经济结构变化过程的指标，结构效应值反映变革结构的实际支出。

（3）消费结构分析

消费是人们用社会产品来满足自己需要从而使用和消耗产品的过程。消费结构分析的基础是消费分类，主要消费形式可分为吃、穿、住、用、行等。按消费的内容可分为有物品消费和劳务消费或者是物质消费和文化消费；按物质划分可分为自给性消费和商品性消费，常利用恩格尔指数进行消费结构分析，它是指食品消费支出在生活消费支出中所占的份额。

三、水土保持分区与治理措施总体布局

（一）水土保持分区与水土流失类型区的划分

1. 水土保持分区

在综合调查的基础上，根据水土流失的类型、强度和主要治理方向，进行水土流失重点防治分区，确定规划范围内的水土保持重点预防保护区、重点监督区和重点治理区，提出分区的防治对策和主要措施，并论述各区的位置、范围、面积、水土流失现状等。在实际规划中，对于已进行“三区”划分，并进行了政府公告的地区，应利用已有的水土保持分区成果，可不重新划分，但应根据规划要求与新的变化，进行比较详细的调查与补充有关资料[1]。

重点预防保护区，对大面积的森林、草原和连片已治理的成果，列为重点预防保护区，制定、实施防止破坏林草植被的规划和管护措施。重点防护区分为国家、省、县三级。跨省（自治区）且天然林区和草原面积超过 1000km^2 的列为国家级；跨县（市）且天然林区和草原面积大于 100km^2 的列为省级；县域境内万亩以上或集中治理 10km^2 以上的为县级，规划应根据涉及的范围划分相应的重点防护区。各级重点防护区设置相应职能机构，与各部门加强联系，搞好协调，发动群众，制订规划，开展预防保护

1　赵启光．水利工程施工与管理 [M]. 郑州：黄河水利出版社，2011.

工作。重点保护区应对防护的内容、面积进行详细调查，对主要树种、森林覆盖率、林草覆盖率等指标进行普查并填表登记。

重点监督区，对资源开发和基本建设规模较大，破坏地貌植被造成严重水土流失的地区，列为重点监督区，要求有关单位编制《水土保持方案》，并与主体工程实行“三同时”制度，依法对《水土保持方案》的实施进行监督检查。重点监督区分为国家、省、县三级。在具有潜在水土流失的跨省（直辖市）区域，城市建设、采矿、修路、建厂、勘探等生产建设活动开发密度大，集中连片面积在 10000km^2 以上，破坏地表与植被面积占区内总面积的 10% 以上，列为国家级重点监督区；集中连片面积在 1000km^2 以上，破坏地表与植被面积占区内总面积的 10% 以上的跨县（市）区域列为省级重点监督区；开发建设集中连片面积在 100km^2 以上，破坏地表与植被面积占区内总面积的 10% 以上区域列为县级重点监督区。对单个资源开发点，每年废弃物堆放量大于 10 万 t 的，应列入重点监督点。重点监督区应对资源开发、基本建设处数和规模、可能增加水土流失量进行详细普查，填表登记。

重点治理区，水土流失严重、对国民经济与河流生态环境、水资源利用有较大影响的地区列为重点治理区。对规划区既定的预防保护区、监督区和治理区（三区）的基本情况分别加以叙述并突出各自的特点。预防保护区重点叙述预防保护的内容是综合治理的成果、大面积的森林、草原植被，森林、草原植被着重叙述植被的分布、组成、覆盖等状况，综合治理的成果应叙述各项治理措施的面积、质量、竣工年限以及投入状况等；重点监督区应叙述区内预防监督的内容，资源开发、基本建设处数和规模以及可能增加水土流失量等，对超过一定规模的开发建设项目应单独调查。重点治理区应叙述重点治理的范围、区内的水土流失类型、强度和分布等。

2. 水土流失类型区的划分

水土保持规划应根据项目区内的水土流失特点，进行水土流失类型区的划分。在水土保持综合调查的基础上，根据规划范围内各地不同的自然条件、自然资源、社会经济和水土流失特点，将水土流失类型、强度相同或相近的划分为同一水土流失类型区，以便指导规划与实施。全国性或大江大河规划水土流失类型区的一级区应与目前的分区保持基本一致，亚区应保持县级行政区的完整性；县级规划水土流失类型区一级区应保持乡（镇）界线的完整性，亚区应保持村级界线的完整性。

水土流失类型区的划分原则为：同一类型区内，各地的自然条件、自然资源、社会经济、水土流失特点应有明显的相似性，其人口密度、人均耕地、土地利用现状、农业生产发展方向应基本一致；同一类型区内各地的生产发展方向和防治措施布局应基本一致；同一区域内水土流失类型、分布、流失强度和可能的发展趋势基本一致；同一类型区必须集中连片，应适当照顾行政区划的完整性。

水土流失类型区划分可采取常规区划法和数值区划法进行。常规区划法的方法和步骤为：①收集资料，收集与分析有关资料，包括水土流失、自然资料（气候水文、地质地貌、土壤植被等）、社会经济和水土保持区划成果资料。②分区方法，认真分析区划资料，找出影响分区的主要因子，采取主导因素法划分水土流失类型区。③地貌类型作为划分水土流失类型区的主导因子，同一水土流失类型区地貌类型应基本相同。④同一水土流失类型区的水土流失类型与强度要基本一致。⑤同一水土流失类型区的社会经济条件应基本相似，并适当照顾各级区划界限，行政界限和流域界限。

根据主导因子分区方法，首先划分全县的水土流失类型区，各类型区内如需要继续划分亚区，可根据分区方法再进一步划分。要求提出各类型区的界限、范围、面积、行政区划，以及各类型区的自然条件、自然资源、社会经济情况、水土流失特点等。分区的命名采取三段式命名法，即水土流失类型区的所处位置 + 地貌类型 + 水土流失强度。水土流失类型分区结果，可以指导水土保持重点预防保护区、重点监督区和重点治理区的划分。

（二）水土保持治理措施总体布局

水土保持治理措施应根据规划单元范围内的生产发展方向和土地利用规划，具体确定治理措施的种类和数量、平面布局、建设规模和进度，以大流域、支流、省、地、县为单元进行的区域性水土保持规划，除进行面上宏观的调查研究外，还必须在每个类型区选取若干条有代表性的小流域进行典型规划，点面结合，最后编制各种类型区及整个规划单元的规划。以小流域为单元进行的规划，则应以乡、村等为单元提出治理措施的种类、数量、平面布置、建设规模和治理进度。综合治理措施配置即在土地利用规划基础上（土地利用规划时也要兼顾各种措施实施的可能性和数量及布局），根据各地类的自然条件、水土流失状况、土地利用现状配置相应的水土保持措施，并应根据各地类的土壤侵蚀危害大小、治理的难易及工作量大小、受益快慢、治理措施间相互关系，及上一节提到的人力物力财力投入，初步安排水土保持的林草措施、工程措施、蓄水保土耕作措施，并综合平衡考虑其实施顺序、进度等。

水土保持治理措施总体布局原则和方法包括：①根据规划范围内划定的不同水土流失类型区土地利用结构调整确定的各业用地比例，参照土地利用结构调整时考虑的原则与需要采取的水土保持措施，分别落实各项治理措施，并突出每个类型区的治理特点。②治理措施落实的基本原则是在不同的土地类型上分别配置相应的治理措施，在宜农的坡耕地上配置梯田与保土耕作措施，在宜林宜牧的荒山荒坡上配置林草措施，根据需要在上述治理措施中配置小型水利水保工程，以利于最大限度地控制水土流失与主体措施的稳固，在各类沟道配置各项治沟措施，做到治坡与治沟、工程与林草紧密结合，综合治理。③综合治理规划应以大江大河为骨干，以县为单位，划分水土流失类型区，并落实各项水土保持措施。

四、水土保持综合防治规划

依据类型区水土流失的特点及开发利用效益确定其实施顺序，特别是对国民经济和生态环境有重大影响的大江大河中上游地区及老少边贫地区，水土流失的重点治理区可优先进行水土保持综合防治。

（一）治理措施规划

要求分别叙述规划中各项措施的治理特点、质量标准与实施要求。水土流失治理措施具体有坡改梯、水保林、经济果木、种草、封禁治理、坡面水系及沟道治理工程等八大措施，可进一步归纳为工程措施、植物措施以及保土耕作措施三大类。

工程措施包括坡改梯工程、坡面小型水保工程以及沟道工程等。坡改梯包括土坎梯田、石坎梯田和土石混合坎梯田。改造坡耕地，建设基本农田是拦蓄径流，控制水土流失，保证农业增产的最有效措施，同时也是实现土地合理利用，促进农、林、牧各业协调发展的重要基础条件。坡面小型水保工程为在坡面上进行坡改梯、造林、种草的同时，需配套小型水利水保设施，采取截水沟、排洪沟、蓄水池、引水渠、沉沙池等，构成从坡顶到坡脚的蓄、引、排系统，不仅可改善灌排条件，提高粮食果品产量和林草的产出率，更是保护坡面主体措施、防治水土流失的需要。沟道工程包括沟头防护、谷坊、拦沙坝等，以拦蓄泥沙，控制沟底下切、沟头前进和沟岸扩张等。有条件的地方修建蓄水塘、坝，用于灌溉农田。沟道工程应根据“坡沟兼治”的原则在搞好集水区水土保持规划的基础上，落实从沟头到沟口，从支沟到干沟的治理工程；分别提出沟头防护、谷坊、淤地坝、治沟骨干工程、小水库（塘坝）工程和崩岗治理等沟道工程规划。坡面小型水保工程与沟道工程在实施中要根据沟道地质地貌与水资源条件，按照工程目的进行设计，规划阶段只根据类型区典型小流域设计的定额合理确定各类工程的数量。

植物措施是开展水土流失综合治理的关键措施之一，也是控制水土流失，改善生态环境，解决“三料”不足，促进农、林、牧、渔各业协调发展，提高土地生产力，体现因地制宜原则的重要途径。在荒山荒坡和退耕坡地上，根据需要和可能，营造用材林、经济林、防护林与种草，实行乔、灌、草相结合，形成多层次、高密度的防护体系。在原有植被较稀疏的地方，充分利用各地区水热资源条件，实行封育管护，迅速恢复植被。在风沙地区，采取防风固沙林、草方格、沙障等植物措施与其他工程措施配套，可以有效地防治风沙侵蚀。

保土耕作措施是在坡度不大的坡耕地中，采取一套耕犁整地、培肥改土、栽种等高植物、轮作间种和自然免耕等保土耕作措施，既能通过耕作逐渐减缓坡度，又可充分利用光、热和作物种植时间、空间，达到拦沙、蓄水、保土、保肥、增加农作物产量的目的。保土耕作措施是在坡耕地尚未全部控制水土流失之前，通过实施多种农业耕作措施达到治理水土流失的目的。

以长江中上游地区水土保持综合治理措施为例。长江中上游地区是我国的重要生态屏障，其水土流失状况和生态质量对长江中上游地区、长江流域乃至全国的经济社会可持续发展影响重大。至20世纪80年代，尤其是全国第四次水土保持工作会议以后，长江地区水土保持工作重现生机。从1989年起，我国在长江中上游的金沙江下游及毕节市、嘉陵江中下游、陇南陕南地区、三峡库区四大片区实施了水土流失综合治理工程（“长治”工程）。以小流域为单元的综合治理，以坡改梯为重点的基本农田建设，水库集雨区和荒山荒坡的治理开发，为水土保持工作的蓬勃开展提供了丰富经验。调查、规划、科研等基础工作逐步加强。同时，在不同水土流失类型区开展了小流域治理试点，为大面积治理提供了科学依据。作为流域实施最早、规模最浩大的生态建设工程，截至2008年年底，“长治”工程覆盖10个省市，涉及5000余条小流域，累计投入152亿元，完成水土流失治理面积9.6万km^2。工程实施坡改梯、建设基本粮田1000多万亩，发展经济林果1600多万亩，有效解决了1000多万人的温饱问题。据2010年统计，“长治”工程实施20年来，长江流域水土流失面积减少15%，首次实现由增到减的历史性转变，但长江中上游生态环境十分脆弱的局面还没有根本性改观，全流域还有近50万km^2水土流失面积尚未根本治理。按照规划，到2020年，要使全流域80%的水土流失面积都得到治理或生态修复。

（二）预防监督与监测规划

1. 预防保护规划

按照前面叙述的预防保护的条件，根据预防保护的对象、重要性及潜在水土流失的强度确定预防保护规划的原则，再划定预防保护规划的范围。通过对预防保护区的调查，进行规划，说明通过预防保护措施应达到防止水土流失发生与发展的目标与措施。规划内容包括：①预防保护区的位置、范围、数量。②预防保护区初期的人口、植被组成、森林覆盖率、林草覆盖率、水土保持现状，以及期末应控制或达到的目标。③为实现预防保护的目标应落实的技术性与政策性措施，包括制定相关的规章制度、明确管理机构、水土保持“三区”公告发布以及采取的封禁管护、抚育更新、监督、监测等具体措施。

2. 监督管理规划

按照前面叙述的重点监督区的划分条件，通过对规划区进行调查，确定重点监督区，并进行规划，说明对开发建设项目和其他人为不合理活动实行监督管理，防治人为造成水土流失的目标。规划主要内容包括：①规划区内重点监督区域及项目的名称、位置、范围。②重点监督区初期的人口、水土流失与水土保持现状、土壤侵蚀量、开发建设项目和其他人为不合理活动的数量、人为水土流失造成的危害等，同时说明期末应控制或达到的目标。③为实现重点监督目标应落实的技术性与政策性措施，包括针对监督区指定的相关规章制度、明确管理机构、水土保持“三区”公告发布以及说明水土保持方案的编制、报批制度与“三同时”制度、监督、监测、管理等措施的具体规划。

3. 水土保持监测网络规划

水土流失监测是水土流失预防、监督和治理工作的基础，为国家和地方各级政府决策提供可靠的科学依据，因此，根据《中华人民共和国水土保持法》和实施条例的要求，设立各级水土保持监测机构。在目前各地监测网络建设还不太完善的情况下，应对水土保持监测网络进行专门规划。规划内容应包括以下几个方面：①监测站网名称、布设、数量及分期建设进度。②说明监测网络的运行、维护及管理机制与责任者。③说明水土流失因子观测，水土流失量的测定，水土流失灾害及水土保持效益监测的内容与观测要点等。

（三）土地利用结构调整

土地利用规划的主要任务是根据社会经济发展计划和水土保持规划的要求，结合区域内的自然生态和社会经济具体条件，寻求符合区域特点和土地资源利用效益最大化要求的土地利用优化体系。土地利用结构是土地利用系统的核心内容，结构决定功能。土地利用结构调整应根据国民经济发展的需要和区域的社会、经济与生态条件，在区域发展战略指导下，因地制宜地加以合理组织并作为土地利用空间布局的基础和依据。土地利用结构的实质是国民经济各部门用地面积的数量比例关系。土地利用规划的核心内容就是资源约束条件下寻求最优的土地利用结构。

因此，土地利用规划应遵循以下原则：①充分运用当地已有的土地利用规划，按水土流失防治的要求对其不足部分加以补充纳入水土保持规划。②对规划区内土地资源进行评价，作为确定农村各业用地的依据。③在当地社会经济发展规划的指导下，以市场经济为导向，研究确定农村经济与生产发展方向。④针对不同的水土流失类型应分别进行土地利用结构的调整。

1. 各业用地规划

各业用地规划确定农、林、牧、副各业用地和其他用地的面积、比例，对原来利用不合理的土地有计划进行调整，使之既符合发展生产的需要，又符合保水保土的要求。根据划分的水土流失类型区，分区确定农村各业用地的比例。

（1）农业用地

对现有农业用地，作为水土保持规划，原则上要将25°以下的坡耕地改造为梯坪地，以提高粮食产量，促进陡坡耕地退耕还林、还草，同时，现有梯地中的一部分可改造为梯田，大幅度提高粮食产量；部分地区耕地资源丰富、人均耕地面积较大的可以考虑只将25°以下的部分坡耕地改造为梯坪地，以提高林草植被的覆盖率。对现有25°以上（部分地区坡度要低些）的陡坡耕地退耕还林还草；少数立地条件极差、人口密度大、25° 以上陡坡耕地一时退耕有困难的地区，可采取异地搬迁或粮食补贴等措施促进退耕。农地需要数量，即为满足粮食与其他农作物基本需求而必需的基本农田，估算方法可参考相关教材。

（2）林业用地面积的确定

水土保持林业用地，包括人工种植水土保持林、经果林、薪炭林，以及进行封禁治理的天然林，规划中各有不同的要求。水土保持林业用地，主要布设在水土流失比较严重的荒山荒坡、沟坡或沟底等在土地资源评价中等级较低的土地。各水土流失类型区流失程度均不相同，土地利用现状也相差悬殊，规划应因地制宜的安排各林业用地面积。经果林是十分重要的水土保持开发措施之一。经果林的规划主要应根据市场的需求量，选择适合当地条件的优良品种，在立地条件较好的坡耕地与荒山荒坡上发展。经果林用地的比例应根据现状与市场的发展做出合理的安排，可参照农业部门的经果林规划或小流域典型设计确定的比例。除经果林用地之外，适宜营造水土保持林、薪炭林或采取封禁治理措施的水土流失地均可规划为林业用地。封禁治理是对现有疏幼林草通过有效的管护、抚育与补植迅速恢复与保护植被的一项措施，并不改变原有植被类型。水土保持林与薪炭林的用地比例，除考虑需求现状外，应根据小流域典型设计做出合理安排。

（3）牧业用地规划

牧业用地应包括人工草地、天然草地和天然牧场，规划中各有不同要求。人工草地主要布设在土壤比较瘠薄、水土流失比较严重的退耕地或荒坡，在水土资源评价中也属较低等级。为了满足畜牧业的需要，人工种草应该有足够的面积，特别在天然草场不能满足发展畜牧业的情况下，一般要求以草定畜，规划时要求每一只羊单位有至少 $0.07hm^2$ 的人工草地。如经规划仍不能满足畜牧业对饲草的需求，应对畜牧业发展与草地的保护做出说明。

（4）其他用地

其他用地包括村庄、房屋、道路等。随着市场经济和第三产业的发展，规划实施期内村庄、房屋、道路等用地面积将不断增加，规划中应合理安排。

（5）改造土地和保护土地

针对规划范围内原有低等级土地不能利用或不能作高等级土地利用的，经过水土保持治理措施加工改造，提高利用等级，规划中应明确其面积、措施和利用等级变化前后的安排。在进行此项工作时，对其技术上的可能性和经济上的合理性应做科学的论证。规划范围内原有坡耕地由于水土流失严重，出现“石化”“砂砾化”，有被迫弃耕危险的规划中应提出“抢救”措施，要求加快治理，避免“石化”“砂砾化”的产生。规划范围内原土地由于沟头前进、风沙推进、崩岗发展等有破坏土地资源危险的，规划中应提出专项防治措施，防止土地遭受破坏。对因开矿、修路、基建工程的废土、弃石、矿渣等占用土地，应作水土保持方案，进行土地复垦规划，以提高土地利用率，防止新的水土流失发生。

2. 土地利用结构调整

根据农村各业用地分析中确定的各业用地的需求与比例要求．对土地利用结构进行调整，凡现有土地级别不能满足需求的，须通过水土保持措施进行改造。土地利用结构调整时，其调整配置顺序如下：①首先确定居民点、城镇、工矿、交通、基本建设发展可能占用的土地面积和类型，根据目前水土流失速度可能增加的难利用地面积与类型。②满足上级指定完成的产品对土地利用的需求。③保证自给的项目优先安排。④水土流失的土地如何利用要以水土保持规划部门的方案为主，并按照一定的措施要求，对土地加以改造与保护，以不加剧水土流失为目的。⑤经济效益高的优先配置。⑥同一利用方式中，适宜性的配置顺序依次为：最适宜、比较适宜与经水土保持治理后适宜，直到土地利用现状各类用地调整到合理为止。

按照上述配置顺序，以区域整体经济效益、水土保持效益和生态效益最优为条件，制订土地利用结构调整规划。

五、水土保持工程的措施

水土保持工程学是一门应用工程的原理防治山区、丘陵区水土流失，保护、改良、合理利用水土资源，发挥经济效益、社会效益和生态效益，建立良好生态环境的自然科学。其研究对象是坡面与沟道中的水土流失机理，即研究在水力、重力、风力和冰川等多种外营力与各种侵蚀形式的作用下，水和土的损失过程及采取防治的工程措施。水土保持工程就是通过各种措施改变小地形，达到改变径流流态，减少和防止土壤侵蚀，拦蓄利用径流泥沙的目的。防护和拦蓄是水土保持工程的两大主要作用。因此，水土保持工程具有小、多、群体的特点。在水土流失区域内的小流域，根据因地制宜、因害设防的原则，从山坡至沟口、由上而下地合理配置工程措施，形成一个完整体系，才能有效地控制径流、洪水。如果在布设工程措施的同时，再配合林草措施，就会达到基本控制水土流失的目的。

水土保持工程与一般水利工程不同，它们对待水沙利用各有侧重。水利工程主要是蓄水用水，常采用泄洪冲砂的运用方式，以提高工程效益，延长使用寿命。水土保持工程主要是蓄洪拦泥，结合淤地生产。这就使水土保持工程在规划布置、设计标准、库容要求及泄水设施各方面与水利工程有所不同。但是，水土保持工程与水利工程存在着密切的关系。例如，淤地坝工程，在未淤成坝地之前，它是一个临时的蓄水工程，它与小型水库有着相同的勘测、设计理论基础。因此，需要具备一般水利工程的基本知识。

（一）坡面蓄排水工程

在山地和丘陵的坡面上，以水为外营力而造成的土壤侵蚀可分为面状侵蚀和沟状侵蚀两大类。面状侵蚀包括降雨击溅侵蚀、层状侵蚀及细沟侵蚀。沟状侵蚀则有浅沟侵蚀、切沟侵蚀及冲沟侵蚀[1]。

在山地坡面植被遭到破坏以后，坡面极易发生面状侵蚀形成许多细沟。随着径流的汇集，流量增加，流速也随之增大，还会引起沟内发生明显的冲蚀现象。这时面状侵蚀就发展成为沟状侵蚀。由浅沟发展成切沟，进而发展成冲沟。坡面工程是治理面状侵蚀防止坡面水土流失的一系列工程技术措施的总称。

1. 降雨及径流对坡面土壤的侵蚀作用

水对坡面土壤侵蚀形式，主要有降雨对坡面的击溅侵蚀和降水所形成的地表径流对坡面的冲蚀两方面。就降雨而言，并不是一切规模的降雨都会使坡面土壤发生侵蚀作用，而只有降雨雨滴落到地面的能量大于土壤结构凝聚能量，土壤结构遭到破坏时，土粒才被打散，并随水流向下坡流失。地面径流对坡面的冲蚀，也只有当坡面径流流速增大到足以破坏土壤结构、带走土粒时，才起作用。

在土壤结构被破坏、土粒流失的同时，土层中有机质、无机盐，也随水流流失；造成土地表层板结、土壤含水量下降，形成跑水、跑土、跑肥状况（亦称“三跑”）。为有效地防止坡面水土流失，首先应从认识流失的机理开始，从诸多因素中找出其关键因素，加以控制、防止流失。

2. 坡面蓄排水工程规划原则

坡面工程规划设计标准：按原水利电力部颁发《水土保持技术规范》（SD 235.387）及水利部颁发的《开发建设项目水土保持技术规范》（GB 50433—2018）规定，水土保持坡面工程“应能拦蓄一定频率的暴雨径流泥沙，超标准洪水允许排泄出沟”的原则，并规定坡面工程设计标准为拦蓄五至十年一遇 24h 最大暴雨。目前，我国南方均按拦蓄十年一遇 24h 最大暴雨进行设计。

在进行坡耕地或荒地治理规划的基础上，因地制宜地在水土流失坡面上规划布设蓄水沟、水窖、蓄水池、鱼鳞坑和截流沟等坡内小型蓄排水工程，以蓄排多余的雨水径流、保护梯田等坡面耕作区的安全、减少径流泥沙的入沟侵蚀量，建立完整的坡面水土保持防护体系。在我国南方和北方雨量较多的地区，都应考虑在坡面上规划布设小型蓄排水工程。规划布设时须考虑以下原则。

（1）坡面小型蓄排水工程，应与坡耕地治理中的梯田、保水保土耕作等措施、荒地治理中造林、种草等措施紧密结合，配套实施。

（2）在坡耕地治理的规划中，应将坡面小型蓄排工程与梯田、保水保土耕作措施统一规划，同步施工，达到出现设计暴雨时能保护梯田区和保水保土耕作区的安全。同时，小型蓄排工程的暴雨径流和建筑物设计，也应考虑梯田和保水保土耕作措施减少径流泥沙的作用。

（3）在荒地治理的规划中，应将坡面小型蓄排工程与造林育林、种草育草统一规

1　王海雷，王力，李忠才．水利工程管理与施工技术 [M]. 北京：九州出版社，2018.

划，同步施工，达到出现设计暴雨时能保护林草措施的安全。同时，小型蓄排工程的暴雨径流和建筑物设计，也应考虑造林育林和种草育草减少径流泥沙的作用。

3. 坡面工程的利用与配套措施

（1）养护、维修与综合利用

坡面工程的修建，只能说是坡面治理的开端，而养护、维修和管理则是长期的工作。它不仅关系着工程本身的使用效能，而且影响着整个小流域水土保持体系的综合效益。过去有些地方重建轻管，结果造成年年治理，年年流失，无法改善水土流失的面貌，这种教训应予以重视。

养护、修护和管理是充分发挥工程效益的保证。如新建的坡面工程，降雨前后应及时检查修护，使其出于最佳工作状态。对建造坡面工程的裸露土壤，应及时栽种作物及树木，使地面得到掩盖，避免雨水的直接冲刷，同时对作物和树木还应加强管理，提高经济效益。

（2）坡面治理的配套措施

1）农业耕作技术措施。在水土保持各项措施中，坡面治理除工程措施外，采取合理的农业耕作技术，仍是一种有效的措施，尤其在地多人少劳动力不足的情况下，可以通过等高耕作，横向带状间耕作等农业耕作技术，达到保水保土的目的。

2）坡面水土保持林草措施。坡面水土流失治理除工程措施外，应配以耕作技术措施（田间治理）和林草措施（坡面治理），使流失坡面能尽快地为植物覆盖。因此，坡面经工程整治后，应根据当地的具体情况，建立合适的林草防护体系。坡面水土保持林包括水源涵养林，分水岭防护林及坡面防护林等。

在水土流失坡面种植草本植物，是一项见效快、成效高的水保措施。种草不仅能保持水土，而且还可以改良土壤，提供“三料”（饲料、肥料和燃料），水土保草有撒播及条播等。

（二）梯田工程

梯田是劳动人民长期利用自然、改造自然和发展生产的产物，在我国已有数千年的历史。在世界上梯田的分布也很广泛。我国的梯田不仅分布广泛，形式也多样。无论是南方、北方平原区或是山区、丘陵区梯田都成为基本的水土保持工程措施，也是山区土地资源开发、治理坡耕地、提高农业产量最好的一项基本农田建设工程。将山区、丘陵区不同坡度的坡面基本沿等高线方向修成具有不同宽度和高度的水平或缓坡台阶地，并在地边缘加一道蓄水埂的这一类型农田统称为梯田。

1. 梯田的作用

第一，坡地修成梯田改变了地形，缩短了坡长，从而能有效地蓄水拦泥，控制水土流失。在降雨过程中，当降雨强度一定时，坡面径流产生的冲刷能力与坡长成正比，即坡长越长，汇集的径流量越大，对坡面土壤的冲刷能力就越强。根据黄河中游各水土保持站的观测资料，梯田与坡耕地相比，可减少水土流失 85% 以上。

第二，坡耕地修成梯田，改变了田面坡度，增加了土壤水分的入渗时间，从而提高了土壤涵蓄水分、养分的能力，改善了土壤的物理、化学性质，为作物生长提供了良好的环境。

第三，坡面修成梯田，由于田面坡度平缓、宽度匀整，故为机械化耕作创造了有利条件。根据试验，当坡面坡度大于 7° 时，一般的农业机械就无法正常作业，耗油量增加，危险不安全。如果将坡耕地修成水平或近似水平的梯田，只要田面有足够宽度，就完全可以在梯田上进行机械化耕作，降低了劳动强度。

第四，坡面修成梯田后，可改善农业生产条件，提高单位面积粮食产量，从而促进退耕还林还牧，调整农业生产结构，有利于保护土地资源。

第五，坡面修成梯田，为沟壑治理创造有利条件。坡耕地在沟壑之上，是沟壑洪水、泥沙的主要来源区，坡面治理好了，就可以减轻沟壑水土保持工程措施的防洪负担，为沟壑治理、发展灌溉和农业生产、小气候的改变等创造了有利条件。

2. 梯田的类型

梯田的类型可按其修建目的、种植利用情况、断面形式和建筑材料进行划分。

（1）按修建的目的和种植利用情况分

按修建的目的和种植利用情况可分为农用梯田、果园梯田和造林梯田。农用梯田属于基本农田，田块较平坦方正，田坎坚固顺直。林用梯田呈水平阶状，田面很窄，沿等高线随弯就势。果园梯田介于两者之间，田面宽度不强求一致。

（2）按梯田的断面形式分

按梯田的断面形式可分为水平梯田、隔坡梯田、坡式梯田、反坡梯田和波浪式梯田等。①水平梯田是在山坡上沿等高线修成田面水平、埂坎整齐的台阶式梯田。水平梯田可拦蓄雨水，减免冲刷；便于饥耕，易于灌溉；增加肥力，保证高产。它是防治坡耕地水土流失的根本措施，也是丘陵沟壑区的主要基本农田。②隔坡梯田是梯田与自然坡地沿山坡相间布置，在两梯田之间保留一定宽度的原山坡。隔坡梯田，不但扩大了控制水土流失的面积，也集中了大于自身几倍的降水，这在人少地多的干旱和半干旱山区是一种较好的基本农田形式。③坡式梯田田面坡度与山坡方向一致，坡度改变不大，修筑的工程量小，但保持水土能力差，需结合等高耕作法的农业技术措施。这种梯田是水平梯田的过渡形式，先在田边修一条较低的田坎，然后通过逐年耕作下翻，加高田坎，变为水平梯田。④反坡梯田田面坡向与上坡方向相反，成 3° ~5° 的反坡，这种梯田有较强的蓄水和保土保肥能力，但用工较多。⑤波浪式梯田田面呈波浪形，没有明显的田坎，这种梯田多用在水土流失不太严重的缓坡坡耕地上。

（3）按用坎的建筑材料分

按用坎的建筑材料可分为土坎梯田和石坎梯田等。

3. 梯田的规划措施

梯田的规划原则：第一，按照农业发展对基本农田提出的要求，确定梯田的种类、数量地点后，因地制宜，一面坡、一座山、一个小流域地进行全面规划，做到保持水土，充分利用土地资源。第二，合理规划应达到集中连片，修筑省工，耕作方便，埂坎安全和少占耕地的要求。第三，合理布设道路和灌溉系统。第四，梯田一般应布置在 25° 以下的坡耕地上，25° 以上的坡耕地，原则上应退耕，植树种草，还林还牧。

（1）陡坡区梯田的规划布置

陡坡区梯田是指山区或丘陵区的坡耕地坡度一般为 15° ~25° 时所修的梯田。第一，选土质较好、坡度相对较缓、距村较近、交通较便、位置较低和邻近水源的地方修梯田。有条件的地方还应考虑小型机械耕作和提水灌溉要求。第二，必须布设从坡脚到坡顶、从村庄到田间的道路。路面宽一般 2~3m，比降不超过 15%。在地面坡度超过 15% 的地方，道路采用"S"形盘旋而上，减小路面最大比降。第三，田块布设需顺山坡地形，大弯就势，小弯取直，田块长度尽可能在 100~200m，以便利于耕作。第四，梯田区不能全部拦蓄暴雨径流的地方，应布置相应的排、蓄水工程；在山丘上部有径流进入梯田区处，应布置截水沟等小型蓄排水工程，以保证梯田区安全。

（2）缓坡区梯田规划布置

缓坡区梯田是指在东北黑土漫岗区、西北黄土高原区的塬面，以及零星分布在各地河谷川台地上的缓坡耕地，坡度一般在 3° 以下。第一，以道路为骨架划分耕作区，在耕作区内布置宽面（20~30m）、低坎（1m）地埂的梯田。田面长 200~400m，便于大型机械耕作和自流灌溉。第二，一般情况下耕作区为矩形或正方形，四面或三面通路，路面宽 3m 左右，路旁与渠道、农田防护林网结合。第三，对少数地形有波状起伏时，耕作区应顺总的地势呈扇形，区内梯田埂线亦随之略有弧度，不要求一律成直线。

梯田规划既是对耕作区的整体规划，也是对不同地形坡度区田块的具体规划，由于我国地理条件复杂、地形地貌不同，不同地区在梯田规划时应本着省工、方便、安全、效益的原则，做到科学合理、最大限度地蓄水保土，变"三跑田"为"三保田"。

（三）护坡工程

护坡工程是为了对局部非稳定自然边坡加固、稳定开发建设项目开挖地面或堆置固体废弃物形成的不稳定高陡边坡或滑坡危险地段而采取水土保持措施。常用的护坡工程有削坡开级措施、植物护坡措施、工程护坡措施、综合护坡措施及滑坡地段的护坡措施等。

1. 护坡工程设计基本原则

（1）护坡工程应根据非稳定边坡的高度、坡度、岩层构造、岩土力学性质、坡脚环境和行业防护要求等，分别采取不同的措施。

（2）不同的护坡工程，防护功能不同，造价相差很大，必须进行充分的调查研究和分析论证，做到既符合实际，又经济合理。

（3）稳定性分析是护坡工程设计的最关键的问题，大型护坡工程应进行必要的勘探和试验，并采用多种分析方法比较论证，务求稳定，技术合理。

（4）护坡工程应在满足防护要求的前提下，充分考虑植被恢复和重建，特别是草灌植物的应用，尽力把工程措施和植物措施结合起来。

2. 削坡开级

削坡是削掉非稳定边坡的部分岩土体，以减缓坡度，削减助滑力，从而保持坡体稳定的一种护坡措施；开级则是通过开挖边坡，修筑阶梯或平台，达到相对截短坡长、改变坡型、坡度和坡比，降低荷载重心，维持边坡稳定目的的又一护坡措施。两者可单独使用，亦可合并使用，主要用于防止中小规模的土质滑坡和石质崩塌。当非稳定边坡的高度大于 4m，坡比大于 1.0∶1.5 时，应采取削坡开级措施。

削坡开级措施应重点研究岩土结构及力学特性、周边暴雨径流情况，分析论证边坡稳定性，然后确定工程具体布设、结构形式和断面尺寸等技术要素，大型削坡开级工程还应考虑地震问题。

（1）土质边坡的削坡开级

土质高陡边坡的削坡开级形式主要有四种，即直线形、折线形、阶梯形和大平台形。

1）直线形。直线形实际上是从上到下，对边坡整体削坡（不开级），使边坡坡度减缓，并成为具有同一坡度的稳定边坡的削坡方式，其适用于高度小于 20m、结构紧密的均质土坡；或高度小于 12m 的非均质土坡。对有松散夹层的土坡，其松散部分应采取加固措施。

2）折线形。折线形是仅对边坡上部削坡，保持上部较缓下部较陡，剖面呈折线形的一种削坡方式，其适用于高 12~20m、结构比较松散的土坡，特别适用于上部结构较松散、下部结构较紧密的土坡。折线形削坡的高度和坡比，应根据边坡坡型，上下部高度、结构、坡比和土质情况经具体分析确定，以削坡后能保证稳定为原则。

3）阶梯形。阶梯形就是对非稳定边坡进行开级，使之成为台、坡相间分布的稳定边坡，对于陡直边坡，可先削坡再开级，其适用于高 12m 以上，结构较松散；或高 20m 以上，结构较紧密的均质土坡。阶梯形开级的每一阶小平台的宽度和两平台间的高差，根据当地土质与暴雨径流情况，具体研究确定。一般小平台宽 1.5~2.0m，两台间高差 6~12m。干旱、半干旱地区，两台间高差大些；湿润、半湿润地区，两台间高差小些。开级后应保证土坡稳定，并能有效地减轻水土流失。

4）大平台形是开级的特殊性形式，它是在边坡中部开出宽 4m 以上的大平台，以达到稳定边坡的目的，亦可在削坡的基础上进行，其适用于高度大于 30m，或在 8° 以上高烈度地震区的土坡。平台具体位置与尺寸，需根据《地震区建筑技术规范》对土质边坡高度的限制，结合边坡稳定性验算，慎重确定。

（2）石质边坡的削坡开级

石质边坡的削坡适用于坡度陡直或坡型呈凸形，荷载不平衡；或存在软弱交互岩层，且岩层走向沿坡体下倾的非稳定边坡。除岩石较为坚硬，不易风化的边坡外，一般削坡后的坡比应小于 1 : 1。石质边坡一般只削坡、不开级，但应留出齿槽（作用是排水和渗水），齿槽间距 3~5m，齿槽宽度 1~2m。在齿槽上修筑排水明沟和渗沟，深 10~30cm，宽 20~50cm。

（3）坡脚防护

削坡后因土质疏松而产生岩屑、碎石滑落或发生局部塌方的坡脚，应修筑挡土墙予以保护。无论土质削坡或石质削坡，都应在距坡脚 1m 处，开挖防洪排水沟。

（4）坡面防护

削坡开级后的坡面，应采取植物护坡措施。在阶梯形的小平台和大平台形的大平台中，应选择种植适宜的乔木、灌木或经济树种，其余坡面可种植草本或灌木。

3. 工程护坡

对堆置固体废弃物或山体不稳定的地段，或坡脚易遭受水流冲刷的地方，应采取工程护坡，其具有保护边坡，防止风化、碎石崩落、崩塌和浅层小滑坡等的功能。工程护坡省工、速度快，但投资高。

护坡工程应重点考察和勘测与坡体稳定性有关的各项特征因子，详细进行稳定分析；并根据周边防护设施的安全要求，确定合理的稳定性设计标准；坡脚易遭受洪水冲刷的应进行水文计算。然后比选护坡工程方案，明确工程布设、结构形式、断面尺寸及建筑材料。

工程护坡措施有勾缝、抹面、捶面、喷浆、锚固、喷锚、干砌石、浆砌石、抛石和混凝土砌块等多种形式。在此择其主要形式分述如下。

（1）砌石护坡

砌石护坡有干砌石和浆砌石两种形式，干砌石适用于易受冲刷、有地下水渗流的土质边坡，稳固性较差，但投资低；浆砌石护坡坚固，适宜于多种情况，但投资高。应根据不同条件分别选用。

1）干砌石护坡。对坡度较缓（1.0 : 2.5~1.0 : 3.0），坡下不受水流冲刷的坡面，采用单层干砌块石护坡；重要地段，采用双层干砌块石护坡。

坡度小于 1:1，坡体高度小于 3m，坡面涌水现象严重时，应在护坡层下铺厚 15cm 以上的粗砂、砾石或碎石作为反滤层，封顶处用平整块石砌护。

干砌石护坡的坡度，应根据边坡上体的性质、结构而定，土质紧实的砌石坡度开陡些，否则砌石坡度应缓些。一般坡度 1.0 : 2.5~1.0 : 3.0，个别可为 1.0 : 2.0。

2）浆砌石护坡。坡度在 1 : 1~1 : 2，或坡面可能遭受水流冲刷，且冲击力强的地段，宜采用浆砌石护坡。

浆砌石护坡面层块石下应铺设反滤垫层。垫层分单层和双层，单层厚 5~15cm，双层厚20~25cm（下层为黄沙，上层为碎石）；面层铺砌厚度为25~35cm。原坡面如为砂、砾、卵石，可不设垫层。

浆砌石石料应选择坚固的岩石，不得采用风化、有裂隙、夹泥层的石块，砂浆标号及要求参见有关浆砌石规范。

对横坡方向较长的浆砌石护坡，应沿横坡方向每隔10~15m设置一道宽2cm的纵向伸缩缝，并用沥青或木板填塞。

（2）抛石护坡

坡脚在沟岸、河岸，雨季易遭受洪水淘刷的地段，应采用抛石护坡，有散抛块石、石笼抛石和草袋抛石三种方式，根据不同的情况，分别选用。

1）散抛块石护坡。坡脚因受流水冲淘，坡下出现均匀沉陷时，应采取散抛块石固定坡脚，此方法宜于在沟（河）水流为3~5m/s的情况下采用。抛石粒径：散抛块石护坡一般采用粒径为0.2~0.4m，重30~50kg的石料。抛石厚度：一般0.6~1.0m，接坡段和近岸护坡段应加厚，掩坡段可薄些。抛石后的稳定坡度，应不陡于1.0 : 1.5。

2）石笼抛石护坡。对坡度较陡，坡脚易受洪水冲淘，流速大于5m/s的坡段，应采取石笼抛石护坡。但在波脚有滚石的坡段，不得采用此法。

根据当地材料情况，可选用铅丝、竹篾、木板、荆条和柳条等，作成不同形状的笼状物，内装石料。笼之网孔大小，以不漏石为宜。

石笼应从坡脚密集向上排列，上下层呈“品”字形错开，并在坡脚打桩，用铅丝向上拉紧，将各层石笼固定。

石笼铺设厚度，不得小于0.4~0.6m。

石笼护坡的坡度，不得小于1 : 1.5~1 : 1.8，可等于或略陡于饱和情况下的稳定坡度，但不应陡于临界休止角。

3）草袋抛石护坡。适宜于坡脚不受洪水冲淘，边坡陡于1.0 : 1.5的坡段。坡下有滚石的坡段不得采用此法。

草袋的石料粒径，一般1~3cm，沙土料粒径一般0.02~1.00cm。

草袋应从坡脚向上，呈“品”字形紧密排列，并在坡脚打桩，用铅丝向上拉紧，将各层草袋固定。

铺设厚度一般0.4~0.6m，铺后坡度不应陡于1 : 1.5~1 : 1.8。

根据情况，可用尼龙袋装沙土代替草袋抛石。

（3）混凝土护坡

在边坡极不稳定，坡脚可能遭受强烈洪水冲淘的较陡坡段，采用混凝土（或钢筋混凝土）护坡，必要时需加锚固定。

1）坡度小于1 : 1，高度小于3m的坡面，采用混凝土砌块护坡，砌块长宽各30~50cm；坡度1.0 : 0.5~1.0 : 1.1的，采用钢筋混凝土砌块护坡，砌块长宽各40~60cm，目前混凝土砌块多采用预制件。

2）坡面涌水较大时，用粗砂、碎石或沙砾等设置反滤层。反滤层是由2~4层颗粒大小不同的砂、碎石或卵石等材料做成的，顺着水流的方向颗粒逐渐增大，任一层的颗粒都不允许穿过相邻较粗一层的孔隙。同一层的颗粒也不能产生相对移动。设置反滤层后渗透水流出时就带不走堤坝体或地基中的土壤，从而可防止管涌和流土的发生。反滤层常设于土石等材料修筑的堤坝或透水地基上，也常用于防汛中处理管涌、流土等险情。为了有效排出坡面涌水，应修筑盲沟排水。盲沟在涌水处下端水平设置，沟宽20~50cm，深20~40cm。

（4）喷浆护坡

在基岩有细小裂隙，无大崩塌的防护坡段，采用喷浆机进行喷浆或喷混凝土护坡，以防止基岩风化剥落。在有涌水和冻胀严重的坡面，不得采用此法。

1）喷涂水泥砂浆的砂石料最大粒径15mm，水泥和砂石的重量比为1∶4~1∶5，砂率50%~60%，水灰比0.4~0.5。速凝剂的添加量为水泥重量的3%左右。

2）喷浆前必须清除坡面的活动岩石、废渣、浮土和草根等杂物，填堵大缝隙、大坑洼。

3）在某些条件较好的地方，可根据当地土料情况，就地取材，用胶泥喷涂护坡，或用胶泥作为喷浆的垫层。

4）岩石风化、崩塌严重的地段，可加筋锚固后再喷浆。

4. 综合护坡措施

综合护坡措施是在布置有拦挡工程的坡面或工程措施间隙上种植植物，其不仅具有增加坡面工程的强度，提高边坡稳定性的作用，而且具有绿化美化的功能。综合护坡措施是植物和工程有效结合的护坡措施，适宜于条件较为复杂的不稳定坡段。

综合护坡措施应在稳定性分析的基础上，比选工程与植物结合和布局的方案，确定使用工程物料的形式、重量，并选择适宜的植物种，在特殊地段布局上还应符合美学要求。

（1）砌石草皮护坡

在坡度小于1∶1，高度小于4m，坡面有渗水的坡段，采取砌石草皮护坡措施。

1）砌石草皮护坡有两种形式：①坡面下部1/2~2/3处采取浆砌石护坡，上部采取草皮护坡。②在坡面从上到下，每隔3~5m沿等高线修一条宽30~50cm砌石条带，条带间的坡面种植草皮。根据当地具体条件，分别采用。

2）砌石部位一般在坡面下部的渗水处或松散地层出露处，在渗水较大处应设反滤层。

（2）格状框条护坡

在路旁或人口聚居地，坡度小于1∶1的土质或沙土质的坡面，采用格状框条护坡措施。

1）用浆砌石在坡面做成网格状。网格尺寸一般2.0m见方，或将网格上部做成圆拱形，上下两层网格呈“品”字形错开。浆砌石部分宽 0.5m 左右。

2）混凝土或钢筋混凝构件一般采用预制件，规格为宽 20~40cm，长 1~2m，修成格式建筑物。为防止格式建筑物在坡面向下滑动，应固定框格交叉点或在坡面深埋横向框条。

3）在网格内种植草皮。

5. 滑坡地段的护坡措施

由于开挖和人工扰动地面，致使坡体稳定失衡，形成的滑坡潜发地段应采取固定滑坡的护坡措施。主要有削坡反压、排除地下水、滑坡体上造林、抗滑桩、抗滑墙等措施，这些措施也可结合使用。

（1）削坡反压

削坡反压就是在坡脚修抗滑挡土墙，稳定坡体，将上部陡坡挖缓，取土反压在下部缓坡，使整个坡面受力均匀，控制上部向下滑动的一种滑坡防治措施，适用于上陡下缓的推动式滑坡。

（2）排除地下水

当滑坡形成的主导因素是地下水时，首先在滑坡外沿开挖水沟，排除来自滑坡外围的水体。同时，在坡脚修抗滑挡土墙，墙后设排水渗沟，墙下设排水孔，排除滑坡体内的地下水，以控制坡体下滑的动力。

（3）滑坡体上造林

在滑坡体上部修筑排水沟，排除外来水的同时，在滑坡体上种植深根性乔木和灌木，利用植物蒸腾作用，减少地下水对滑坡的促动；利用根系固定坡面是稳定边坡的重要措施，其适用于滑坡体目前基本稳定，但由于人为挖损等原因，仍有滑坡潜在的危险的坡面。滑坡体上护坡林的配置，应从坡脚到坡顶依次为乔木林、乔灌混交林和灌木纯林。

（4）抗滑桩

当坡面有两种风化程度不同的软弱岩层交互相间分布时，软岩层极易形成塑性滑动层，引起上部剧烈滑动的，应采取抗滑桩工程，稳定坡面示。抗滑桩主要适用浅层及中型非塑滑坡前沿，对于塑流状深层滑坡则不宜采用。①抗滑桩断面分 1.5m × 2.0m 和 2.0m × 3.0m 两种，应根据作用于桩上的岩土体特性，下滑力大小，以及施工要求，具体研究确定。②抗滑桩的埋深与其结构、滑体本身有关，应通过应力分析确定。③抗滑桩应与其他措施配合使用，根据当地具体情况，可在抗滑桩间加设挡土墙或其他支撑建筑物。

（5）抗滑墙

当滑坡比较活跃，急需有效控制时，应在滑坡体坡脚将抗滑挡土墙向上延伸，修筑块石护坡。

（四）沟道工程

沟道的水土流失主要表现为切沟侵蚀、崩塌、滑坡、崩岗和泥石流等形式。它们是由于面蚀状态未能及时控制，水土流失不断发展和恶化而形成的严重流失状态。其结果除使流失地区的地面切割破碎和影响当地农、林、牧业生产外，大量泥沙流至下游，使下游河道淤积，从而加剧洪水灾害。

沟道治理须从上游着手通过截、蓄、拦、导和排等工程措施，采取坡、沟兼治的办法减少坡面径流，避免沟道冲宽与下切，并结合植物措施来加速治理过程和巩固治理效果。

利用工程措施来治理侵蚀沟谷的具体做法是：首先合理安排坡面工程拦蓄径流；对于不能拦蓄的径流，通过截流沟导引至坑塘、水库或经不易冲刷的沟道下泄。采用治坡工程仍可能有部分径流不能完全控制，流入沟道还会产生冲刷，于是须对沟道进行治理。治沟时，通常在沟上游修筑沟头防护工程，防止沟头继续向上游发展。在侵蚀沟内分段修建谷坊，逐级蓄水拦沙，固定沟床和坡脚，抬高侵蚀基准面。在支沟汇集和水土流失地区的总出口，可合理安排兴建拦沙坝或淤地坝，控制水土不流出流域范围，减轻下游的泥沙和洪水灾害。

沟道工程的内容包括沟头防护工程、谷坊工程、拦沙坝或淤地坝以及泥石流防治工程等。

第二节 水利工程水土保持设计技术审查探析

一、水利水电工程水土保持设计的发展

（一）水利水电工程三阶段水土保持设计的发展

20 世纪 90 年代至 21 世纪初，水利水电工程项目建议书、可行性研究和初步设计文件编制的依据为分布于 20 世纪 90 年代早、中期的《水利水电工程项目建议书编制暂行规定》（水规计〔1996〕608 号）、《水利水电工程可行性研究报告编制规程》（DL 5020—93）和《水利水电工程初步设计报告编制规程》（DL 5021—93），三个编制规程均无水土保持编制要求。经查阅 1997—1999 年水利水电规划设计总院审查过大型工程，大部分项目建议书、可行性研究报告和初步设计报告中无水土保持设计内容。随着水土保持法的实施，水利水电工程前期设计文件中逐步纳入水土保持设计，并逐渐加强与发展。至 2000 年，已有部分项目建议书，大部分可行性研究报告和初步设计报告中编制了水土保持章节。2013 年，《水利水电工程项目建议书编制规程》（SL

617—2013）、《水利水电工程可行性研究报告编制规程》（SL 618—2013）和《水利水电工程可初步设计报告编制规程》（SL 619—2013）正式颁布实施，水土保持设计内容正式纳入水利水电工程编制规程中。为进一步加强水利建设项目水土保持技术管理工作及提高水土保持技术文件编制质量，在缺少水利水电工程各阶段水土保持设计依据的情况下，水利部水利水电规划设计总院总结几年来水利建设项目水土保持技术文件咨询与审查中存在的普遍问题，提出了《水利工程各设计阶段水土保持技术文件编制指导意见》（以下简称《指导意见》），以水总局科〔2005〕3 号文印发给各流域、各省水利水电勘测设计研究院，以规范各阶段水土保持章节的编写，同时也是审查专家的主要依据。

（二）水利水电工程水土保持方案技术的发展

《开发建设项目水土保持方案编报审批管理规定》（水利部第 5 号令，1995 年 5 月 30 日）的发布，促进了水土保持方案的编制。水土保持方案首先从大型水利水电枢纽工程开始编制，至 1999 年以后，多数大型工程遵循规定，均编制了水土保持方案大纲和方案。《开发建设项目水土保持方案技术规范》（SL 204—98）及一系列标准、政策的出台，推动水土保持工作有了突飞猛进的发展。21 世纪初，大部分国家大型水利水电工程能在可行性研究阶段编制水土保持方案，个别工程在初步设计阶段能够补编水土保持方案。方案编制内容也由标准实施前的无规范性，逐渐规范化。至《开发建设项目水土保持技术规范》（GB 50433—2008）的颁布，水利水电工程水土保持方案按该规范要求编制内容基本完善。随着《水利水电工程水土保持技术规范》（SL 575—2012）在水利行业的实施，水土保持方案设计内容与技术规定更进一步得到提升。

二、审查主要标准依据

水利水电工程三阶段审查依据主要为《水利水电工程项目建议书编制规程》（SL 617—2013）、《水利水电工程可行性研究报告编制规程》（SL 618—2013）和《水利水电工程可初步设计报告编制规程》（SL 619—2013），这三个编制规程中规定了与主体设计深度相应的水土保持设计深度和设计内容。《水利水电工程水土保持技术规范》（SIL 575—2012）中“4.4 各阶段设计深度与主要内容”提出了项目建议书、可行性研究、初步设计报告中水土保持有关规定。

水土保持方案报告书编制依据，主要有《开发建设项目水土保持技术规范》（GB 50433）、《开发建设项目水土流失防治标准》（GB 50434）、《水利水电工程水土保持技术规范》（SL 575），其他还有《水土保持工程设计规范》（GB 51018）等。

三、水利水电工程水土保持设计主要内容和审查要点分析

水利水电工程三阶段中水土保持设计篇章、水土保持方案报告书审查以水土保持法等法律法规，及上述技术标准为主要依据。首先水土保持设计文件要与法律法规相协调，其次按《工程建设标准强制性条文水利工程部分》相关规定，以工程安全、生态安全为主，最后水土保持设计文件进行全面审查，审查其技术可行性和经济合理性。

水利水电工程水土保持设计审查包括主要设计深度和内容审查及技术要点审查。

（一）水利水电工程三阶段水土保持设计审查要点

1. 项目建议书水土保持主要内容和审查要点

（1）项目区的水土流失及其防治现状

1）项目区水土流失及其防治情况的介绍，要重点以项目所在地区域为主，不能抄录省、市或县的情况。线性工程，如灌渠、供水管线工程等可以县、乡、村为单元以表格形式简要说明。

2）根据国家级、省级水土流失重点预防区和重点治理区划分通知或公告，扼要介绍项目所在县（市、区）的水土流失重点预防区和重点治理区的情况，以及区域防治要求与项目水土流失防治要求的关系。

（2）水土流失防治责任范围

1）防治责任范围分为项目建设区和直接影响区。本阶段要基本明确项目建设区和直接影响区的界定原则。项目建设区包括施工建设期永久征收地（包括水库工程的淹没区）临时征用土地，以及工程未征收、征用但工程扰动、占压的区域，及移民集中安置区和专项设施复（改）建区。直接影响区，可通过类比或专家估测的方法可初步确定各防治区直接影响区界定的原则。

2）根据本阶段建设征地及移民安置专业确定的征收、征用土地范围和移民安置及专项设施复（改）建情况，以及其他工程占压范围，初步确定项目建设区面积，估测直接影响区面积。

（3）水土流失影响与估测

说明水土流失预测内容、方法，综合分析不同方案选线、选址、总体布局、施工组织设计等，初步预测新增水土流失量，分析施工期的水土流失影响；依据法律法规、有关标准规定，分析工程布局方案、选线、选址等是否存在水土保持制约性因素。

（4）水土保持初步方案

1）根据项目区涉及国家级、省区水土流失重点预防区和重点治理区的情况，项目区生态功能及防洪工程重要性等，基本确定水土流失防治标准等级。

2）根据水土保持影响分析结果，在主体工程安全的前提下，从生态维护角度，对主体工程设计提出水土保持要求。

3）初步拟定水土流失防治分区，初步提出水土保持措施体系和总体布局。按防治分区进行水土保持措施典型分析，并估算工程量。绘制水土保持措施总体布局图。

4）对于点型工程，要求初步选定每个弃渣场场址，选择典型工程进行水土保持措施布设；对于线型工程弃渣场提出选址原则，初步确定弃渣场数量和类型。

5）本阶段难以确定水土保持措施时，可根据类比工程提出初步安排，粗估工程量，并提出下一阶段解决的要求。

（5）投资估算

说明投资估算原则、依据和方法。点型工程根据水土保持初步设计方案，按推算的工程量，估算水土保持投资。

2. 可行性研究报告水土保持主要内容和审查要点

可行性研究报告中的水土保持篇章，主要根据水土保持方案报告书确定，其主要内容与方案报告书一致。主要包括的内容有项目区自然条件与水土流失现状、水土保持评价主要结论、水土流失防治责任范围、防治分区及水土流失防治标准和防治目标，水土保持工程级别与设计标准，水土保持措施总体布局、分区措施布设，各防治区水土保持工程措施、植物措施设计，水土保持监测设计及投资估算。

3. 初步设计报告水土保持主要内容和审查要点

（1）初步设计阶段需要复核的内容，审查重点包括以下内容。

1）根据主体工程初步设计和已批复水土保持方案报告书主要内容、结论，复核水土流失防治责任范围、扰动原地表范围、损坏水土保持设施面积、弃渣量等在初步设计阶段有无重大调整，如有调整，说明原因。同时，复核水土流失防治分区和防治目标是否需要随上述内容的调整而变化。

2）复核并确定水土保持工程级别和设计标准。复核和确定弃渣场级别和其防护工程、排洪排水工程，以及各防治区的植物恢复与建设工程的级别及设计标准。

3）复核水土保持总体布局，根据主体工程设计、弃渣场和料场选址、施工布置调整方案，调整优化水土保持措施布局。

（2）根据相应标准规定，初步设计阶段要对各防治区逐一进行设计。审查各防治区深度是否达到要求。

首先要查明弃渣场及其建筑物的工程地质和水文地质条件，确定各类设计、计算参数。

对于点型工程，确定弃渣场场址，逐一进行弃渣场初步设计；对于线型工程，确定1~4级弃渣场选址并逐一进行弃渣场初步设计，5级弃渣场明确选址原则和弃渣场类型，并选择至少30%的典型弃渣场进行设计。

（3）分区防治措施设计，是初步设计专章审查的重点。

1）拦渣工程：对拦渣坝重点审查防洪标准，洪水计算方法和结果，稳定系数确定和参数选取及其分析方法和结果，较大的拦渣工程要有结构设计与基础设计；对挡渣墙除对稳性分析外，周边有来水时应分析来水量及排水措施的设计；拦渣堤的稳定分析需考虑渗透压力，结构和基础设计则需考虑河流治导线、河床形态、河岸稳定性、行洪能力等因素。

①拦渣坝 100 万立方米库容以上大型拦渣坝应有技术、经济、水土保持方面的方案比选，拦渣坝有来水和无来水两类，有来水时应考虑防洪问题，参照骨干坝技术规范执行；无来水时不考虑防洪，但应考虑排水措施，一般采用多次成坝。首建的初级坝，其设计可参考尾矿坝技术规范。

②挡渣墙分为重力式、扶壁式、悬臂式、喷锚等，审查重点是挡墙型式技术经济比较和稳定性分析。应选定挡墙型式，确定典型断面。

③拦渣堤应考虑河流治导线、河床形态、河岸稳定性、行洪能力等选定堤线，确定典型断面；明确堤内土地整治措施和利用方向，重点审查行洪能力分析、堤防稳定性计算。

④围渣堰基本选定场址，主要是稳定性分析，确定典型断面，可参考贮灰场和赤泥库的设计标准。

2）防洪排水工程：特别注意水文计算，包括防洪标准的确定、洪水计算公式的合理性、水文与水力参数的选取与引用、计算结果的正确性。

①拦洪坝基本选定坝址、坝型和断面，洪水计算、稳定计算等参考《小型水利水电工程碾压式土石坝设计导则》和《水土保持治沟骨干工程技术规范》进行。

②排洪渠、排洪涵洞的设计，基本选定线路，确定典型断面，审查重点是洪水计算和断面设计。

③防洪堤设计参考 GB 50433、SL 575 和防洪标准进行。

3）护坡工程：审查工程型式，滑坡、崩塌防护需进行稳定分析；一般护坡工程要考虑植物与工程结合的合理性和设计可操作性，对岸坡防护还要考虑水流冲刷，对岸顶冲及相应的水文与水力计算等。

选定工程型式和布置，进行相关计算，确定典型断面。需从技术、经济、水土保持多方面分析选择工程型式，并力求工程与植物措施相结合。工程护坡一般有浆砌石护坡、干砌石护坡、挡土墙、喷锚支护、格网框条等。岸坡防护按护岸工程有关标准执行。滑坡体治理要确定治理措施体系，选定工程型式和断面，具体设计标准参考边坡设计标准。植物护坡需根据工程位置、边坡坡度、土（岸）质等确定护坡型，一般有种灌草护坡、草坪护坡、喷植物护坡、植生袋、三维网植物护坡等。

4）泥石流工程确定工程布置，选定工程型式与断面。重点审查防治标准确定的合理性。

5）土地整治工程：明确水土保持土地整治的任务，重点审查覆土厚度、工艺、排蓄水措施、土地改良措施设计。审查时注意将移民安置区的土地复耕区别开来。

6）植被恢复与建设工程：重点审查可恢复植被的面积（对暂难恢复植被的面积，

分析、说明原因）、立地类型划分、树种选择、草种或草皮的选择，种植密度，苗木规格、整地规格、栽种植方法、抚育管护等，对于缺水地区特别要注意浇水的水源、灌溉设备是否满足植被恢复要求。园林式绿化工程一般比例尺要达到 1:500 或更大的比例尺。对暂难恢复植被的面积要分析原因。

7）植物配置需按植被恢复与建设工程级别进行，1 级标准对照园林标准配置；2 级标准在满足水土保持要求的同时，兼顾景观要求；3 级标准按水土保持公益林草标准配置。

8）防风固沙工程：主要是沙障选型、沙障材料来源，铺设规格、铺设方法。对荒漠地区采用卵石沙障机械铺设时，要审查其施工工艺。

9）临时工程：主要审查临时防护工程型式，水力侵蚀地区以拦挡为主，对于风蚀为主或水蚀、风蚀交错地区以防风、防起尘措施为主；审查临时排水设施断面是否合适；审查其他临时措施布置与设计是否合理。

（4）水土保持施工组织设计。审查水土保持工程施工布置、砂石料、油料等与主体工程施工组织设计的衔接性，苗木来源是否可靠，水土保持工程、植被种植方法是否可行，水土保持工程进度安排与主体工程施工进度是否协调，植物种植季节是否符合当地条件。

（5）水土保持监测方案设计，重点审查监测时段、监测内容监测点布设，审查监测点的监测方法、观测设施设计等。

（6）水土保持管理：重点审查施工期建设管理如监理、监测、质量管理、施工管理等方面的管理内容是否全面；运行期水土保持管理机构、管理人员是否明确。

（7）投资概算，审查概算编制原则、依据、方法是否正确；各种费率的选取、基础单价的计算、工程定额的选用等是否正确。独立费用中各项费用，如方案编制费、工程监理费、勘测设计费计算方法是否正确，计算结果是否合理。

（8）审查设计图纸，重点是需要附的图是否全面，比例尺是否满足要求，设计图要素是否符合规定，图面信息是否能表达设计内容和意图等。

（二）水利水电工程水土保持方案主要内容和审查要点

1. 综合说明

重点审查项目区位置、流域概况、行政区划介绍是否准确、全面，按第二章至第十二章总结各章主要结论与相应章节内容是否一致，工程、设计前期工作情况介绍是否符合实际。

2. 编制总则

（1）编制依据。编制依据分为按四个层次列举，彼此不能混淆。①法律法规。②省、部、委条例与规定。③标准规范。④技术报告及相关文件。

（2）方案编制深度。按可研深度把关，设计水平年一般为工程完工后的第一年或水土保持措施发挥效益年份。

（3）水土流失防治标准。根据项目区是否涉及国家级、省级水土流失重点预防区和重点治理区，防洪工程重要性及项目区生态功能的重要性确定。

3. 工程概况

（1）工程概况。不能照搬主体工程的全部内容，主要突出与水土保持相关的内容。

（2）主体工程位置、建设性质、建设规模、工程布局、主要建筑物布置与设计、施工组织设计、建设征地与移民安置、工程投资指标等主要内容与数据及内容顺序安排也要与主体可研一致。工程特性表采用可研报告给出的特性表，但要注意简化为与水土保持相关的内容。

4. 项目区概况

（1）项目区概况

地形、地貌、不良工程地质现象、地面组成与土壤、植被、气象等与水土流失和植被生长密切相关的因子是水土保持方案关注的重点。点面式工程，项目区概况可作整体叙述。线型工程，可根据地形地貌结合工程施工特点分区或分段叙述。

（2）气象与水文

需根据不同自然地理分区，有重点的叙述。地面物质和土壤、植被状况，主要关注项目区的地面组成物质与土壤类型，植被类型、群落结构、林草覆盖率及生长情况，不应照搬区域土壤资料和植被资料。

（3）水土流失现状

主要通过项目区水土流失综合调查获取，不应将行政区水土保持资料照搬进来。对于线型工程涉及多种地貌类型时可分区、段叙述水土流失状况。

项目区土壤侵蚀情况可采用土壤侵蚀类型、土壤侵蚀强度级表达。根据项目区实际情况和土壤侵蚀分类分级标准确定项目区容许土壤流失量。

结合项目区所处地区水土流失重点预防区和重点治理区分布情况，说明区域水土保持的基本要求。

（4）项目区水土保持现状

重点介绍已建生产建设项目水土保持布置、设计，植物品种选取等经验。

5. 水土保持评价

（1）水土保持制约性因素评价

首先，评价工程选址、选线是否存在制约工程布置的敏感因素，如工程是否涉及国家级、省级水土流失重点预防区和重点治理区，自然保护区、饮用水源保护区等重要区域，灌区工程是否存在 25° 以上坡耕地等。存在上述情况时，需根据水土保持法等法律法规进行评价。涉及自然保护区、饮用水源保护区等敏感区域时，需结合环境影响评价文件进行评价。

其次，根据《工程建设强制性条文标准水利工程部分》有关水土保持强制性条件的规定，评价工程建设、弃渣场布置等是否对周边设施、生态安全、人民生命等可能造成安全问题。

（2）合理性评价

1）主体工程方案的合理性评价。主体工程选址、建筑物型式合理性需通过多方案比较方式评价。水土保持对主体工程的评价主要从占地面积、占地类型、扰动地表面积、损坏水土保持设施数量、移民安置、弃渣量、产生的水土流失量等角度评价各方案哪一个更合理。

在工程安全的条件下，需利用生态的理念评价工程建筑物型式是否合理。

2）弃渣场合理性评价。弃渣场合理性评价，需从地形地貌、占地类型、与周边重要设施的安全距离、环境的协调性等方面评价选址的合理性；根据占地类型，从堆放高度、后期利用方式、边坡坡度等评价弃渣场堆放方式的合理性；弃渣后期利用方向的合理性，各类弃渣场在有条件的情况下尽量向高生产力方向利用。

对于由水土保持专业会同施工等相关专业选定的弃渣场位置，可不进行弃渣场评价，但应在弃渣场设计中说明选址情况。

3）料场合理性评价。料场选址合理性评价，在满足材料质量的前提下，根据料场占用的地类、地形地貌、对周边环境的影响等进行料场选址的合理性评价。从减少扰动面积、剥离表土可及时回填角度，评价开采区布局、开采方式是否合理。一般土料场、砂砾石料场宜分区、分片开采。后期利用方向的评价，原则上应该恢复原地类，但在开采深度大或永久征收土地开采的情况下，可按恢复林草地考虑。

4）工程占地。工程占地的合理性评价，需进行占地数量、占地类型的评价。施工道路评价占地范围是否满足排水设施布置的要求，弃渣场评价是否考虑了稳定边坡、开挖截（排）水设施占地范围，料场评价是否满足剥离表土临时堆存的要求，施工生产生活区评价其布置是否紧凑、扰动地表范围是否过大等。

占地类型的评价需根据工程区域的土地开发利用实际情况进行。若工程处于丘陵、山区或山前倾斜平原区，则荒地、裸地、灌草地，以及沟头、断沟等较多，工程占地尤其是临时占地需充分考虑少占用耕地，优化工程占地类别。若工程位于广大平原区，土地开发利用程度很高，周边几乎都是耕地，工程以占用耕地为主，则优化、调整的可能性较小。

（3）主体工程中具有水土保持功能的项目评价

对主体工程中具有水土保持功能工程的评价不仅要评价其布局，还需评价其设计是否满足水土保持要求。

对于水利水电工程设计，一般具有截排水、护坡、挡渣等功能的措施均可作为具有水土保持功能的工程，并将植物措施全部纳入具有水土保持功能的工程。

具有水土保持功能工程设计的评价，主要针对植物措施，提出完善植物措施设计。

（4）水土流失危害的评价

对主体工程所造成的水土流失危害的评价要有针对性。

6. 防治责任范围和防治分区的界定

（1）审查防治责任范围界定原则和方法。水土流失防治责任范围需以主体工程可研究报告的水库淹没影响区、工程永久征收、临时征用土地和移民安置及专项设施复建方案，以及工程布置、施工布置为依据，通过调查获取。

项目建设区界定既要包括工程新增征、占地范围、集中安置的移民安置区和专项设施复（改）建区，也要包括工程改扩建、除险加固扰动原有工程已征土地和工程扰动、占压河滩地等不需征用的土地等。

直接影响区的确定需进行调查分析，不得简单地外延估算。线型工程的直接影响区需根据地貌和施工特点分段确定。审查时可通过调查分析认定。水库淹没塌岸造成直接影响区，需调查落实发生塌岸的地段，结合地质勘测与水库淹没影响范围确定。

（2）审查防治责任范围数量。根据水库淹没范围、征收、征用土地面积、移民安置及专项设施复建区、工程扰动原有土地范围等，核实项目建设区面积。对于利用工程管理范围、水库淹没区进行施工布置的区域，不得重复计列责任范围面积。

（3）说明水土流失防治责任范围与工程征收土地（包括水库淹没影响区）、临时征用土地的关系。

（4）防治分区的划分。水土流失防治分区根据工程建设造成水土流失的类型、强度及采取的措施，结合原地貌类型、施工工区划分。不能完全按施工区进行划分，分区不能过细或过粗，以满足分区分类设计要求为宜。大型复杂工程可考虑二级划分。

点型工程以工程建设造成水土流失的类型和强度为主，结合工程布置和施工工区划分，一般按一级体系划分即可。

线型工程先按地形地貌或工程类型划分一级防治区，再按水土流失类型，结合工程布置和施工区进一步划分二级防治区。

7. 水土流失预测

（1）审查水土流失。预测内容、时段、预测范围、预测方法和预测成果。

1）各项预测内容应根据主体工程可行性研究报告的资料，结合实地调查，确定扰动地表的面积、占压土地面积、林草植被损坏面积。

2）弃土、弃石、弃渣的预测，不应简单用挖方与填方加减计算，需以主体工程的土石方平衡为基础，查阅项目设计文件及技术资料，充分考虑地形地貌、运距、土石料质量、回填利用率、剥采比等分析预测，同时注意实方与松方的换算。

3）水土保持设施损坏数量以财综（2014）8 号为依据，按可研设计中的征收、征用土地面积确定。

4）新增水土流失量的预测方法主要采用类比法和经验公式法。采用类比法时，类比工程需为与本工程自然条件、水土流失条件相近，经过国家或地方验收的、具有监测资料工程。

5）预测分区分时段进行，预测单元根据原地貌水土流失状况、工程施工特点和扰动程度、可能产生的水土流失类型进行划分。各区的水土流失背景值，一般根据当地实测或类似地区的科研试验资料（土地利用类型土壤、植被、坡度、坡长等）分析确定，有条件的采用土壤流失预报方程、地方经验方程估算土壤流失背景值。在缺乏资料的地区可通过土壤侵蚀分类分级标准，结合专家估判等方法获得。

扰动后的土壤侵蚀模数，采取经修正的类比工程的实测资料，不得随意采用没有根据的数据。对于通用土壤流失方程式，需详细分析适用性及参数选取的可靠性。

（2）各项预测结果的审查。审查时要根据施工布置、施工进度、工程征占地面积等复核各项预测结果。在综合分析水土流失预测结果的基础上，明确水土流失严重地段。

8. 防治目标、总体布局

（1）防治目标

根据确定的水土流失防治标准，结合水土保持规划、自然条件等，确定扰动土地整治率、水土流失总治理度、土壤流失控制比、拦渣率、林草植被恢复率、林草覆盖率六项指标，分析防治目标的合理性。对于临时占用耕地数量较大的工程，工程完工后临时征用土地复耕比例较大，林草覆盖率指标难以达到标准规定目标值时，还需确定工程永久征收土地范围的林草覆盖率目标值。

（2）水土保持措施体系和总体布局

根据编制原则、水土流失防治分区提出水土保持措施的总体布局，制定分区防治措施体系，防治措施体系采用框图表达，框图中需要注明主体工程中具有水土保持功能的工程和本方案所设计的水土保持工程。审查人员必须认真分析措施体系，严格项目划分，防止漏项，并分析防治分区的措施总体布局的合理性。

9. 水土保持工程级别和设计标准

（1）工程级别的确定

1）根据每个弃渣场的弃渣量、弃渣场最大堆渣高度和弃渣场失事对主体工程或环境造成的危害程度，确定弃渣场级别。

2）弃渣场防护工程、排洪建筑物级别根据弃渣场级别、拦渣工程高度划分。审查时要注意当同一个工程弃渣场防护建筑物不同时，要分别按不同类型建筑物确定建筑物级别。

3）弃渣场、料场、交通道路等防治区的斜坡防护工程级别根据边坡对周边设施安全和正常运用的情况以及边坡失事后对人身和财产安全的影响程度、损失大小等因素确定。

4）防风固沙工程级别根据风蚀危害程度划分。

5）植被恢复与建设工程级别根据水利水电工程主要建筑物级别及绿化工程所处位置、作用确定。水库大坝区、电站厂房区、工程永久办公生活区、大型泵（闸）站及有人值守的建筑物区，以及城市区河道、堤防工程区，植被恢复与建设工程级别宜确定为一级。

（2）设计标准的确定

1）拦渣堤、拦渣坝、排洪工程防洪标准根据其相应建筑物级别确定。审查时注意拦渣堤、拦渣坝工程不设校核洪水标准；拦渣堤防洪标准还应满足河道管理和防洪要求；当拦渣堤、拦渣坝、排洪工程等失事可能对周边及下游工矿企业、居民点、交通运输等基础设施等造成重大危害时，2 级以下拦渣堤、拦渣坝、排洪工程的设计防洪标准可提高 1 级。

2）3 级以上弃渣场的临时性防护工程防洪标准为十年一遇，3~5 级弃渣场临时性防护工程防洪标准取三至五年一遇。

3）弃渣场防护工程抗震设计烈度采用场地基本烈度，当基本烈度为 VI 度和 VI 度以上的应进行抗震验算。

4）弃渣场及其防护工程建筑物结构整体稳定安全标准按《水土保持工程设计规范》（GB 51018—2014）第 10 章、第 11 章相关条款规定执行。

5）斜坡防护工程边坡的最小安全系数需综合考虑边坡的级别、运用条件及治理和加固费用等因素确定。具体确定方法按《水利水电工程边坡设计规范》（SL 386—2007）3.4 节规定确定。

6）输水（灌溉）渠道防风固沙带主导风向最小防护宽度根据渠道建筑物级别及防风固沙工程级别确定。需要保护的水库、泵（闸）站工程，其防风固沙带宽度和范围根据风蚀危害情况，要经过计算、论证、研究确定。

7）植被恢复和建设工程设计标准根据其工程级别确定。1 级标准需满足景观、游憩、水土保持和生态保护等多种功能的要求，设计时要考虑景观要求，选用当地园林树种和草种进行配置，注意植物配置也要考虑当地条件和生产建设工程特点。2 级标准在满足水土保持和生态保护要求基础上，适当考虑景观、游憩功能要求。3 级标准主要是满足水土保持和生态保护要求。

10. 各防治分区治理措施

根据水土保持措施总体布局，进行各防治区的水土保持措施设计。要重点审查，各防治区工程措施、临时措施布设的位置、型式、材料、设计断面等；植物措施设计范围，明确植物布设面积、位置，按植被恢复与建设级别与设计标准配置植物品种、规格等，并要明确乔、灌株行距、种草额定等。需要配套灌溉设施的，需明确灌溉设施的布置、设计。

弃渣场设计，点型工程，要基本确定弃渣场场址，分类开展典型设计；对于线型工程，1~3 级弃渣场基本确定其选址，4~5 级弃渣场要明确选址原则和弃渣场类型，分类开展典型设计。

各类措施具体设计，其审查要点与初步设计基本一致，这里不再赘述。

11. 防治措施工程量及施工组织设计

（1）工程量

按防治分区统计各类措施工程量。根据典型断面结构和平面布置图计算各类工程量，并根据《水利水电工程设计工程量计算规定》（SL 328）的规定调整工程措施工程量，按 SLS 75 有关规定调整植物工程量。植苗造林面积和株数分别统计，播种造林、种草、植草皮以面积数量统计。审查时注意防护林带的工程量、混交林的工程量（带状混交、行间混交、株间混交、块状混交计算有差别）计算。

（2）施工组织设计

1）施工组织安排与要求，包括砂石料来源、苗木种子来源、水源情况，各类工程施工方法、水土保持施工组织对主体施工组织的要求等。审查时，要特别注意水土保持施工组织设计与主体施工组织设计的协调。

2）施工进度安排应体现“保护优先，先挡后弃，及时跟进”的原则，采用双横道表示主体工程进度安排与水土保持措施进度安排的关系。

12. 水土保持监测方案

（1）监测依据执行 GB 50433、SL 277 和《生产建设项目水土保持监测规程》、水保〔2009〕187 号文规定等。

（2）监测时期分为建设期和运行初期，重点是建设期。根据主体工程施工布置、进度安排，确定监测时段。

（3）确定监测单元、重点监测地段。重点监测地段主要考虑较大开挖面、弃渣场、料场等水土流失严重地段。

（4）明确监测内容、监测技术和方法。并对监测设施进行典型设计。

13. 水土保持工程管理

（1）水土保持工程管理设计包括建设期工程管理和运行期管理。建设期工程管理主要说明建设单位、施工单位、监理、监测单位等的管理职责和管理任务；运行期主要是明确运行管理单位的机构设置、人员配置，对水土保持设施管理职责和管理任务。对于临时征用土地中的水土保持设施，说明管理要求。

（2）基本确定水土保持永久设施，拦渣、排洪设施建筑物的管理范围与保护范围，明确管理要求。

14. 投资估算和效益分析

（1）投资估算

1）投资估算编制主要依据为《生产建设项目水土保持工程投资概（估）算编制规定》、水利部水总〔2003〕67 号文《水土保持工程施工机械台时费定额》和《水土保持概算定额》；勘测设计费执行国家计委、建设部计价格〔2002〕10 号文《工程勘察设计收费标准》；工程监理费执行国家发改委、建设部发改价格〔2007〕670 号文《建设工程监理与相关服务收费管理规定》。水土保持补偿费采用各省（市、自治区）标准。

2）移民安置区和专项设施复建区的水保工程投资可纳入方案中，在初步设计阶段计入建设征地及移民安置方案中。

3）水土保持投资估算需编制正文与附件，并附监理费、勘测设计费等计算书。

（2）效益分析

1）明确效益分析方法和内容。分析采取治理措施后预期能达到的目标值及其防治效果。主要整治扰动土地面积、水土流失治理总面积、拦渣量、水土流失控制量、植被恢复面积、林草总面积。林草总面积要包括主体工程设计的植物措施面积和工程征地范围内未扰动范围的原有植被面积。

2）计算六项指标的达标情况，即扰动土地整治率、水土流失总治理度、土壤流失控制比、拦渣率、林草植被恢复率、林草覆盖率。核实六项指标的计算值是否正确、合理。

15. 结论与建议

（1）结论

结论要反映方案本身的结论性意见和主体工程的总体评价及修正性意见。重点审查对主体工程的修正性意见，对重大的意见需在审查意见中体现。

（2）建议

主要是对水土保持方案下阶段工作的指导性意见，以及从水土保持角度对主体工程下阶段设计的建议。

综上所述，水土保持设计审查要点是依据相关法律法规、标准规范，在总结设计、审查经验的基础上，总结出来的主要把握的内容。水土保持作为新型行业，发展迅速，自从水土保持法颁布后，水土保持方案随即在水利水电建设项目中开展起来，很快在水利工程前期设计文件中纳入了水土保持设计。随着国家经济社会的发展，国家对生态文明建设越来越重视，生态建设也越来越受各界人士的关注，水土保持作为生态环境的重要组成部分，将随着未来经济社会的进步发展更加迅速。在不断完善标准规范、不断总结经验、不断更新设计理念的基础上，水土保持设计、审查内容也将越来越完善、科学和规范。

第五章

水利工程节能设计与审查创新

第一节 水利工程节能设计探析

水利节能需要贯穿到工程前期设计的各个环节，因此，在工程设计中，要充分地考虑到工程设计的理念，做好可行性研究及初步设计概算等。在节能设计环节还需要结合当前的相关规定，对工程能耗进行分析，结合工程的实际情况进行合理的选址。真正体现出水利工程建设节能的宗旨，实现人、水资源的和谐共处共同发展。

一、优化水利工程选址设计

设计修建水库方案时，选址是至关重要的环节，要充分地考虑库址、坝址及建成后是否需要移民等各种因素。因此，在不考虑地质因素的情况下，不要忽视以下三点。在水利工程区域内一定要有可供储水的盆地或洼地，用来储水。这种地形的等高线呈口袋型，水容量比较大。选择在峡谷较窄处兴建大坝，不但能够确保大坝的安全，还能够有效减少工程量，节省建设投资。水库应建在地势较高的位置，减少闸门的应用，提升排水系统修建的效率。此外，生态水利工程在建址时，不要忽视对生态系统的影响，尽量减少建设以后运行时对生态系统造成的不利影响。

二、水利工程功能的节能运用

（一）利用泵闸结合进行合理布置，提高水利工程的自排能力

在水利工程修建设计中在泵站的周边修建水闸来使其排水，即泵闸结合的布置，在水位差较大的情况下进行强排，不但能够节约能源，还能降低强排时间。另外，选

择合理的水闸孔宽和河道断面，提高水利工程的自排能力，利用闸前后的水位差，使用启闭闸门，达到排涝和调水的要求[1]。

（二）使用绿化景观来增强河道的蓄洪能力，合理规划区域排水模式

为了减少占地面积，在水利工程防汛墙的设计中，可以采用直立式结构形式。在两侧布置一定宽度的绿化带，使现代河道的修建不但能够提高河道的蓄洪能力，还能满足对生态景观的要求。在设计区域排水系统时，可将整个区域分成若干区域，采取有效的措施，将每个区域排出的水集中到一级泵站，再排到二级排水河道里，最后将水排到区域外，达到节能的效果。

（三）实行就地补偿技术，合理地进行调度

受地理环境的因素，一般选择低扬程、大流量的水泵，电动机功率比较低，要将功率因素提高可以采用无功功率的补偿。因此，在泵站设计时可以采用就地补偿技术，将多个电动机并联补偿电容柜。满足科学调度的需求，实现优化运行结构的需求。

三、加强水利工程的节能设计的有效措施

（一）建筑物设计节能

我国建筑物节能标准体系正在逐渐完善，在水电站厂房、泵站厂房等应用建筑物设计节能技术。在工程建设中可以采用高效保温材料复合的外墙，结合实际情况，采用各类新型屋面节能技术，有效控制窗墙面积比。研究采用集中供热技术、太阳能技术的合理性和可行性，减少能源消耗。水电站厂房可以利用自然通风技术，减少采光通风方面的能源消耗。

（二）用电设备的节能设计

选择合适的用电设备达到节能的具体要求，在水泵的选择上。应正确比较水泵参数，全面考虑叶片安放角、门径和比转速等因素。在水利工程用电设备的节能设计时，可以采用齿轮变速箱连接电动机和水泵的直连方式，既提高效率又节约成本。按照具体专项规划的要求，主要耗能设备能源效率一定要达到先进水平。

（三）水利泵站变压器的节能设计

在设计的水利泵闸工程中，应该设置专用的降压变压器给电动机供电，来节省工程投资成本，为以后的运行管理提供方便，选择适合的电动机，避免出现泵闸电动机

1　明开宇．水利工程设计中节能技术的应用 [J]. 科学技术创新，2020（20）:122~123.

用电量较大的情况。选择站用变压器，避免大电机运行时带来的冲击。

当前人们越来越重视对环境的保护，生态理念逐渐融入各行各业中。在水利工程建设中节能设计是一个全新的论题，随着节能技术的快速发展，受到了越来越广泛的重视。这就需要在节能设计中，结合水利工程的实际情况与特征，严格按照国家技术规范和标准，坚持完成水利工程的设计评估，有针对性地确定工程的节能措施。加大水利工程环节的节能控制，合理分析工程的节能效果，以水利工程设计更加科学化为前提，完善水利工程设计内容。

第二节 水利工程节能设计技术审查探析

能源是国民经济发展的重要物质基础，节约能源、促进能源的合理和有效利用，对我国经济发展和环境保护具有深远的战略意义；推进水利工程节能工作是水利事业实现可持续发展方式的一项重要任务，加强水利工程节能设计管理是落实节能政策的重要举措；水利工程节能设计技术审查、评估机构在节能工作中有着关键作用，更有义不容辞的责任。

国家发展改革委关于加强固定资产投资项目节能评估和审查工作的通知（发改投资〔2006〕2787 号）指出：固定资产投资项目节能评估和审查工作是加强节能工作的重要组成部分，对合理利用能源、提高能源利用效率，从源头上杜绝能源的浪费，以及促进产业结构调整和产业升级具有重要的意义。水利部在转发发改投资〔2006〕2787 号文的意见中也明确要求审查机关应当根据国家有关法律、法规、规章和节能相关标准，严格审查，保证水利项目达到合理用能标准和节能设计规范的要求。

作为从事水利项目设计技术审查、评估的工程咨询机构，在开展水利工程节能设计技术审查工作中，应严格按照发改投资〔2006〕2787 号文的要求和水利部的转发意见，牢固树立科学发展观，切实增强节能意识和责任感，认真履行职责，根据水利工程的特点和节能设计的要求做好技术审查工作。

以下就水利工程节能设计技术审查、评估需注意事项谈些个人浅见，仅供参考。

一、水利工程节能设计技术审查应遵循的原则

坚持依法、按章办事；坚持科学发展观；坚持基建程序；坚持节能优先，效率为本；坚持源头控制与存量挖潜、近期目标与远期目标相结合；坚持公平、公正、科学、合理。

二、水利工程节能设计技术审查的职责和任务

依据国家有关法律、法规、规章和相关节能设计标准、规程等，通过组织专家评审、

评估等各种方式，对水利工程节能设计的设计依据、设计内容、技术方案、节能措施、造价分析、运行管理、节能效益等主要方面进行审查、评估，以确保节能设计的真实性、完整性、可行性、先进性、安全性、可靠性，达到合理用能标准和节能设计规范的要求，为项目的批复提供必要的技术支撑。

三、水利工程节能设计技术审查主要审查内容

根据水利部水规计〔2007〕10 号文的规定，水利工程节能设计审查内容主要包括：确定项目用能总量及用能品种是否合理；项目能耗指标是否达到同行业国内先进水平或国际先进水平；项目是否符合国家、行业和地方节能设计规范、标准，主要工艺流程是否采用节能新技术；单项节能工程项目和民用建筑能耗指标是否符合国家、行业和地方有关标准；有无选用已公布淘汰的机电产品以及国家产业政策限制内的产业序列和规模容量或行业已公布限制（或停止）的旧工艺；节能措施是否科学、有效。

四、水利工程节能设计应包括的主要内容

目前，水利工程节能设计尚无编制规程，借鉴其他行业的相关规定或要求，水利工程节能设计主要内容应包括“节能分析（设计）依据”“能源消耗预测”“节能分析（设计）”三大方面。

“节能分析（设计）依据”主要内容：有关节能的政策、规范、标准及技术基础资料。

“能源消耗预测”主要内容：能耗种类分析、能耗量预测值、标准能耗折算量、项目所在地能源供应状况分析、能量平衡分析、能源利用率、单位能耗等。

“节能分析（设计）”主要内容：节能措施、节能量、能量回收利用、合理利用节能设备及节能效益等。

根据水利部水规计〔2007〕10 号文的要求，项目建议书、可行性研究报告应设置节能分析篇（章），初步设计报告应设置节能设计篇（章）。

节能分析篇（章）主要是通过能源消耗预测分析，提出各种节能技术措施说明，包括初步分析相关节能设计指标和参数、提出节能措施技术说明、初选节能结构形式和设备种类及材料品种、提出施工及管理要求、分析节能效果等。节能设计篇（章）主要根据批准的项目建议书、可行性研究报告中相关节能分析内容进行详细设计，提出具体的节能措施设计，包括进行节能措施技术经济方案比较、提出相关节能设计指标和参数、明确节能技术措施、选定节能设备种类及材料品种、提出与节能相关的施工方案和运行管理方式、计算节能效益等。

五、水利工程节能设计技术审查要点分析

（一）设计依据的准确性和有效性

设计单位要遵循现行节能法规、节能设计标准和有关节能要求，严格按照节能设计标准和节能要求进行节能设计。

节能设计所采用的依据必须是国家、地方现行设计规范有效版本，涉及的相关领域或行业或专业的法规、规范、标准等应齐全完整，且应注重准确性和适应性，符合工程实际。

对项目建议书、可行性研究报告而言，有权部门对项目任务书或报告编制工作大纲有关节能方面的批复意见是设计依据的重要组成部分；对初步设计报告而言，有权部门对项目建议书、可行性研究报告节能分析篇（章）的批复意见也是设计依据的重要组成部分。对批复意见提出的要求，均应在设计中充分反映和响应[1]。

（二）国家政策的响应性和符合性

节能设计的原则和指导思想首先是要响应和符合国家相关大政方针、产业政策，符合公共利益；设计理念应突出节约能源、促进能源的合理和有效利用的意识，切实把国家节能政策落实到设计中。

注重国家推广节能工作中证明技术成熟、效益好、见效快的节能技术；限制和淘汰效益低、落后的工艺技术设备；推广适合我国国情的国外先进技术；鼓励节能技术进步，鼓励发展技术成熟、效果显著的节能技术和节能管理技术，鼓励引进国外先进的节能技术，禁止引进国外落后的用能技术、材料和设备。

注重国家强调要把节能、节地、节水、节材和环境保护作为今后一段时期勘察设计质量监管工作突出的重点，并要求开展节能项目可行性研究及技术经济评价；加强废旧物资的再生利用；推广采用寿命周期成本包括初投资、寿命期内能耗费等评价节能型设备的制度。

（三）节能指标的合理性和科学性

节能设计必须要提出项目节能的指标以及落实措施，并应在项目建设的各个阶段严格执行。

节能指标的确定除应满足相关标准和规定（特别是强制性标准和条文规定），还须充分考虑水利工程的特点和建设项目具体情况以及经济因素、造价指标，并适当考虑节能技术方向近、远期结合问题，为中长期的节能技术做必要的技术储备，确保节能指标的合理性和科学性。

相关设计参数的选用应恰当、合理，具有较强的针对性；节能指标分析、计算的

1　刘虎 . 浅谈水利工程节能设计技术审查注意事项 [J]. 治淮，2007（8）:13~15.

方法应符合相关规定；分析、计算的结论应进行必要的比选及合理性分析。

（四）节能措施的先进性和可靠性

节能措施要充分体现技术进步，依靠技术进步来降低能源消耗是措施节能的根本途径：通过技术和经济及环境的比较、论证，择优选定具有先进性与可靠性的节能措施；对国家公布淘汰的耗能结构、设备、材料、技术等严禁使用。

节能措施应具有对应性，针对结构节能、材料节能、设备与电气节能等不同情况，分别提出相应的、可行的节能技术措施。

节能措施在满足安全可靠的同时，还要满足便于施工、便于管理的要求。

（五）设计内容的完整性和关联性

节能设计内容涉及建筑热工、结构性能、机电设备、材料、工程造价等各个专业以及施工、运行管理等各个环节，且相互关联、相互影响和制约，故设计内容必须满足完整性和设计深度的要求。

一项节能工程或节能系统从立项开始至建成后运行管理，其节能效果在各个环节上都可能受影响。要达到和实现节能设计目标，除要减少工程本体的耗能水平外，施工组织、运行管理同样是关键环节，因管理不善造成能源浪费现象是非常普遍的。设计内容应充分体现设计与施工和管理的整体性，不可或缺。

此外，节能设计中还应包括相关的设计图纸、计算书、设备及材料表、工程投资表等必备的附件。

六、水利工程节能设计技术审查注意事项

严格按照相关节能设计标准进行审查，在审查报告中单列是否符合节能标准的章节；对不符合节能强制性标准要求的设计项目，不予审查通过；不得明示或暗示有关单位使用不符合节能标准的各种材料设备。

严把工程项目技术经济合理性的关口，避免让不宜建设的项目立项建设，否则将是最大的资源浪费；应十分重视质量工作，认识工程质量对节能工作的重要性，强调确保工程安全，牢记提高水利工程的耐久性也是资源节约工作的重要内容。

大力支持推广有利于工程节能的新设备、新工艺、新材料、新技术，切实关注国家不定期发布的节能推广产品和淘汰品种名单，杜绝高能耗或淘汰产品的使用；大力推进能源利用的计量、控制、监督和科学管理逐步使用现代化方法这一节能技术进步的基础工作，为节能系统高效运行提供条件。

高度重视各类除险加固的水利工程项目的节能问题，注重挖掘老工程自身的节能潜力，并通过恰当的除险加固工程措施来改善和提高节能效果，以满足节能要求；注重因除险加固而拆除、更换的各种可利用资源的再利用，并落实再利用措施，以充分节约资源。

第六章

水利工程环保设计与社会稳定风险评估分析

第一节 水利工程环境保护设计

水利工程建设施工具有规模大、专业多、投资高等特点，而且还会对周围的自然生态环境造成一定程度的影响或破坏，因此必须在工程设计过程中强化认识，做好环境保护设计，采取有效措施减少污染，以保障工程环境效益。

一、工程概况

杨家湾水源工程是1座以烟田等农业灌溉为主，兼有场镇供水、烟区农村人畜饮水等综合利用的水库工程。工程等级为小（1）型，工程等别为Ⅳ等，主要建筑物级别为4级，水库总库容176万立方米，灌溉面积8515亩；其中每年烟田灌溉面积3300亩，设计烟区多年平均灌溉毛需水量190万立方米，场镇供水毛需水量31.4万立方米，提供烟区内人畜饮水毛需水量37.1万立方米，多年平均水库下泄生态水量35.7万立方米。

二、环保设计原则与方案

（一）设计原则

施工产生的废水按照回用进行设计，在选择具体工艺时，应严格遵循便于管理和经济高效的基本原则；相关设施的布置应充分考虑主体工程，并最大限度地利用地形。

（二）设计方案

本工程施工过程中产生的污、废水处理由以下几部分组成：砂石料加工、预制钢筋混凝土养护、工人生活污水[1]。

1. 砂石料加工

（1）污染源。从施工组织设计可知，工程在左岸开采区布置1个骨料加工系统。该工程所用砂石料均为人工加工，废水中含有大量悬浮物。

（2）废水处理目标。由砂石料加工产生的废水通过处理之后应能重复利用，余下废水可用于地表清洁，不再向外排放。

（3）方案设计。因砂石料加工产生的废水在成分上相对简单，所以处理以沉淀方法为主。在沉淀池中加入絮凝剂进行过滤处理，过滤后的废水在场地清洁中回用。沉淀池为砖砌结构，由于废水产生量相对较小，故将沉淀池的断面尺寸确定为1.5m × 1.5m × 2.0m。

为提高投资利用率，沉淀池中的沉渣设计在自然风干后直接运往弃渣场（见图6–1）。

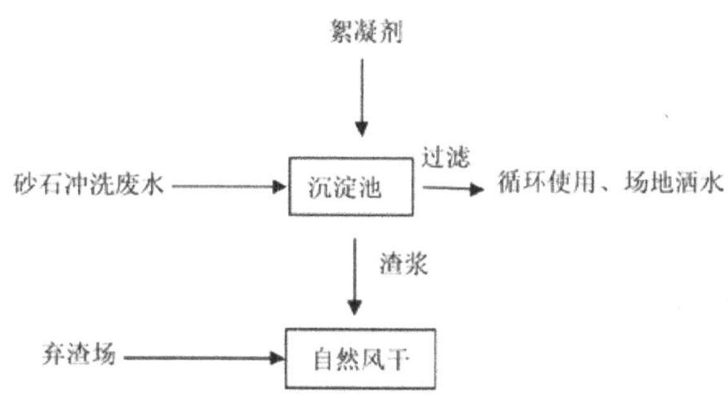

图6–1 砂石料加工废水处理工艺流程

2. 混凝土加工废水

（1）污染源。从混凝土加工系统中排出的废水产生于料罐与转筒的冲洗废水，属典型的碱性废水，其pH值保持在11左右；但并非连续产生，总量较小。

（2）方案设计。因系统排出的废水总量不大，所以设计在拌和装置下方布置1个沉淀池，其容量可容纳1日冲洗水量即可。废水经沉淀之后的上清液直接回用到拌和，渣浆经风干脱水后运往弃渣场。灌区施工场地布置1个沉淀池，向池内投加絮凝剂进行处理，达标之后直接回用；渠系施工场地根据废水实际产生情况和施工布置情况，于沿线布置沉淀池，投加絮凝剂进行处理；废水处理达标之后直接回用，初步预计布置3个沉淀池。

3. 围堰施工废水

围堰施工中产生的废水向沉淀池排放，与混凝土加工废水处理用沉淀池并用，投加絮凝剂后进行处理，达标后回用。

4. 含油废水

（1）污染源。工程在左岸分别布置汽车保养场与机械修配厂，其中，机械修配厂

1 赵红松．水利工程施工中环境保护设计探讨[J]．河南水利与南水北调，2019，48（11）:12~13.

用于汽车维修，废水少，但普遍含有油类物质；而汽车保养场用于车辆维修与清洁，废水多，也含有油类物质。两者所排废水在性质上较为相似，所以可进行合并处理。

（2）废水处理目标与方案。对于含油废水，主要采用隔油池处理，同时定期对隔油池实施清理；经处理的废水直接用于地面清洁，不再向外排放（见图 6–2）。

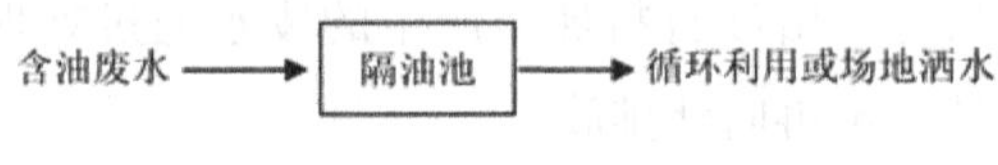

图 6–2　含油废水处理工艺流程

5. 生活污水

在右岸设置生活区，采用防渗旱厕对粪便污水进行收集后直接用作农肥；采用化粪池收集一般污水后用于当地农业生产，其处理能力为 40m³/d（见图 6–3）。

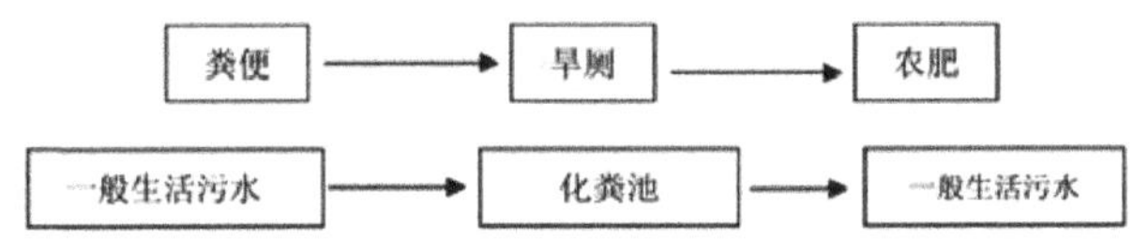

图 6–3　生活污水处理工艺流程

三、大气环保设计

（一）设计原则

和工程施工组织紧密结合，从尽可能多的渠道上减少对大气造成的污染；和工程设计紧密结合，重点处理污染源及污染物；结合工程建设特点，此大气环保设计只针对工程施工期进行。

（二）设计方案

1. 开挖爆破废气控制

（1）污染源

开挖施工与爆破过程中会产生大量粉尘与 CO、SO_2、NO_2 等气体，且均在露天情况下进行，粉尘与气体均容易扩散。

（2）控制对策

1）施工工艺方面。开挖爆破尽量选用预裂爆破、光面爆破、缓冲爆破、深孔微差挤压爆破等技术，这样能有效减少粉尘量。在开挖爆破较为集中的施工区，应进行洒水以加快粉尘的沉降速度，减小其影响范围和时间。在导流洞地下施工过程中，应切实加强通风，减小废气积累，同时进行洒水，采取有效捕尘措施，减少施工区粉尘。

2）降尘设备。开挖钻机应带有除尘袋，以 HC742 型为主。

3）降尘与有害气体防护。开挖爆破过程中做好通风，确保空气流通；与此同时，作业人员应根据要求佩戴防护设施。在粉尘较多的施工面与料场，应安排专人负责定期洒水。

2. 骨料、混凝土加工粉尘控制

（1）污染源

污染主要产生于加工和运输过程。

（2）控制对策

1）施工工艺方面。在加工骨料的过程中设计采用湿法破碎工艺，避免粉尘大量产生；同时在进行物料装卸时实行文明施工。

2）降尘设备。使用全封闭式加工系统；拌合装置增设除尘器，所有除尘设备都要和拌合装置同时运行；做好除尘器日常养护与维修，确保其始终处在最佳状态。

3）降尘措施。对加工系统实施定期降尘处理，采用洒水的方法。在对物资进行运输时做好空气污染防护。在对多尘物料进行装载时，需要适当润湿物料，或覆盖帆布。运送散装水泥的车辆，其储罐需要有良好密封；运送袋装水泥的车辆应做好覆盖，同时定期清洗车辆。当车辆进入施工营地后，应对车速进行严格控制，一般不能超过15km/h。所有承包商对责任承包范围内的施工道路应进行有效的养护和维修，安排专业人员定期清扫路面上的杂物与渣土，确保道路始终保持清洁。对于处在高粉尘作业环境的施工人员，根据劳保规定应发放并要求佩戴防尘用品。

3. 施工机械与附属工场废气控制

（1）污染源

污染物以 NO_X、CO 等为主。此外，附属设施排出的废气较为集中，但总量偏小，包括汽车保养场与机械修配厂。

（2）控制对策

所有进场设备的尾气排放都要满足环保标准；强化对机械设备与车辆等的协调管理，做好日常养护与维修，选用优质燃料；严格执行《在用汽车报废标准》，实行强制更新报废制度，尤其是那些老旧、尾气排放超标的设备，必须及时处理、更新。附属工程烟尘排放设备应增设空气净化装置；所有机械设备都要注意保养，确保其处在良好工况。

4. 道路扬尘控制

（1）污染源

污染物以扬尘为主，做好施工车辆车速控制与确保路面时刻处于整洁状态是控制并减少扬尘的首选方法。

（2）控制对策

切实做好公路路面养护和清扫，确保道路平整和洁净，特别是处在坝区的施工道路；配置 1 辆洒水车，根据天气情况进行洒水作业。需要洒水的道路为上坝公路与经过场镇的道路，具体洒水次数和用水量需要充分考虑天气与扬尘实际情况。以上提到的重点干道，每日洒水不能少于4次。切实强化道路绿化，建立完善的绿化防护体系，在提供绿化功能的基础上，优先考虑具有良好除尘功能的植物，如国槐、乌桕、悬铃木、合欢、紫穗槐等。

5. 堆料场、中转料场与弃渣扬尘控制

（1）中转场与堆料场应建在避风处；在对物料进行堆放时，应做好覆盖与拦挡。

（2）弃渣的堆放应平整且压实，同时采取有效措施予以防护，包括植物措施、临时措施与工程措施。

综上所述，本工程施工期环保设计方案通过了实践的验证，有效减少了施工过程中造成的污染和环境破坏。另外，水利工程施工必须在满足预期建设要求的基础上，充分考虑环境保护，根据工程实际情况与特点，做好环保设计。针对不同的污染源、污染物制订相应的污染防治与处理方案，并在施工中予以严格执行；只有这样才能从根本上保证工程的环境效益，实现工程施工与环境保护双赢的目标。

第二节　水利工程社会稳定风险评估分析探析

水利水文事业作为我国重要的基础产业，是社会发展的支柱，关系着社会民生，尤其是水利工程，作为控制、利用、保护地表及地下水资源与环境而修建的各项工程，可以有效消除水害，为水资源合理开发利用和管理保护提供充分的保障。水利工程建设作为一项技术难度大、复杂性高、工期长、建设环境恶劣、风险性高的社会基础事业，在社会稳定发展中发挥着极为重要的作用。因此，必须加强对水利工程建设社会稳定风险的评估，只有这样才能为社会稳定、健康发展提供充分的保障。我国政府及水利水文部门对社会稳定风险评估进行了规定，从制度上对水利工程建设的社会风险评估进行了规范，充分说明了社会风险评估的重要性。长期的研究表明，构建社会稳定风险评估机制可以促进重大工程项目的科学决策、民主决策及依法决策，只有这样才能获得社会民众对实施重大工程的支持，从而减少社会矛盾，为社会稳定、健康发展提供充分的保障。而建立水利工程社会稳定风险评估，可以为水利工程建设提供科学的理论依据。

一、水利工程建设社会稳定风险评估与社会稳定风险评估模型的构建

（一）水利工程建设社会稳定风险评估分析

水利工程建设社会风险主要是由工程建设风险暴露、社会敏感性及公众风险认知三部分构成，其中社会风险主要指的是水利工程建设直接引发的工程建设风险，主要涉及水利工程建设中存在的拆迁安置和补偿，对区域群众收入降低及生活成本增加的

影响，而且水利工程施工管理和施工期间的安全与卫生问题也会形成风险暴露，对水利工程形成极为不利的影响作用。而社会敏感性及公众风险认知风险则属于非工程建设引发的社会风险，这些风险因素的存在会对水利工程建设和实施形成极为不利的影响作用。

（二）水利工程建设社会稳定风险评估模型的构建

水利工程建设社会稳定风险主要受征地与拆迁补偿、社会经济、生态环境、工程建设安全卫生等因素的影响。社会风险应对能力主要是由移民安置补偿、社会经济状况、社会保障能力及社会控制能力决定，而水利工程社会风险敏感性主要是由从业人口、产业结构分布及基本生存保障决定。总之，水利工程建设社会稳定风险评估模型的构建，必须充分考虑指标选择的系统性和独立性，严格遵循可操作性和实用性原则，结合实际情况选择合适的指标表达式，只有这样才能为构建水利社会稳定风险评价体系提供充分的保障[1]。

除此之外，在构建水利工程建设社会稳定风险评估模型时，必须先对社会风险等级进行计算，作出准确的判断，然后对社会系统风险进行科学的评价，只有这样才能确保数据模型建设的科学性和有效性，进而为水利工程建设提供充分的保障。

二、水利工程建设社会稳定风险评估与实证研究

（一）水利工程建设社会稳定风险评估

本小节主要对吉林省水利工程的社会稳定风险进行评估，吉林省内流河比较少，但流经区域的河流资源非常多，为了确保吉林省水利工程项目建设工作可以顺利进行，就必须按照相关的风险评估政策对水利枢纽工程建设社会稳定风险评估，只有这样才能确保风险评估结果的准确性和可靠性。对水利工程建设敏感性和应对能力指标的数据主要来源于2008—2014年的水文年鉴，只有根据对2008—2014年水文年鉴的分析，才能探索出未来一段时间内应对指标的数据，从而为社会稳定风险评估提供科学的理论依据。首先，需要对水利工程建设的社会风险等级进行计算，即按照实际要求，根据相应的指标体系设计问卷，对可能引发风险的直接原因和间接原因进行深入剖析，从而预测出风险可能发生的概率，实现水利工程风险评估的重要目标。在计算中，需要使用的公式，必须保障可以准确计算出风险暴露和公众风险认知的等级，而对于水利工程建设敏感性风险等级的计算也需要选择合适的公式，只有这样才能为风险等级计算结果的准确性和可靠性提供充分的保障。

1 钱新磊，王志明，王振．水利工程建设社会稳定风险评估与实证研究[J].住宅与房地产，2017(5):181.

（二）水利工程建设社会稳定风险评估实证研究

通过对吉林省水利工程社会稳定风险评估模型的分析，结合计算出的各项数据，就可以知道在过去一段时间内影响水利工程建设的各项因素所占的比重，通过比较明确对重要影响因素的划分。然后，根据区域经济发展状况和水文综合情况，对未来几年内水利工程建设潜在风险进行准确预测，在水利工程建设中尽量规避这些风险，只有这样才能为水利工程建设工作有序推进提供充分的保障，从而真正实现水利工程建设的重要目的。

吉林省区域土地面积广阔，水资源丰富，对农业发展具有十分重要的作用。水利工程建设不仅可以为当地居民生产生活用水提供充分的保障，还可以对区域经济进一步发展提供充分的动力支持，而对于水利工程建设中存在的社会稳定风险因素，就必须进行科学分析，准确计算出各项风险影响因素的值，通过对这些值的深入研究，探究未来水利工程建设潜在的风险，提前采取有效的措施规避风险，最大限度地降低风险发生时对水利工程建设造成的损失。通过对社会稳定风险的评估，也可以提高群众对水利建设的支持，这对水利工程建设项目持续推进具有极为重要的作用。

在水利工程建设中，对社会稳定风险的评估和实证研究具有十分重要的意义，它可以提高群众对水利工程建设项目的支持，为水利工程建设创造动力，也可以为水利工程建设规避风险提供充分的保障。因此，在水利工程建设中，必须加强对水利工程建设社会稳定风险的评估和实证研究。

第七章

水利工程招标控制价管理与竣工结算审查创新

第一节　小型水利工程设计估算审查探析

1998 年长江、松花江和嫩江发生特大洪水以来，国家和地方相继加大了水利工程的投资力度，使水利工程建设进入一个全新的发展期。各地的小型水利设施由于始建年代较早，技术落后，大多已经失去维修价值，目前正处于拆除改造阶段。为了合理控制国家投资，为项目决策部门提供科学的依据，必须对投资建设的水利工程概（估）算进行严格审查，工程咨询机构随着市场经济的发展而出现，担负着协助主管部门和建设单位进行工程设计阶段造价审查的重任，为决策部门提供科学、公正的决策依据，为建设单位控制工程造价提供技术支持。下面结合自身的工作经历，对小型泵站类水利工程的概估算审查作一些探讨，以供参考。

一、审查设计概（估）算的作用和重要性

（一）决策阶段是控制工程造价的重要阶段

小型水利工程虽然工程规模不大，工期不长，但技术复杂，涉及专业多，影响因素多，给设计工作造成一定困难，往往设计人员采用较保守的设计方案，造成一定的投资浪费。据统计分析，投资决策和初步设计阶段对投资的影响最大，其权重占整个项目周期造价控制的 75%。设计阶段方案的选择、设备的选型直接决定项目投资方案的优劣。因此，在设计阶段由专业的咨询公司对工程概（估）算进行审查评估以合理控制工程造价是十分重要的。

（二）投资估算是政府投资主管部门进行项目决策的依据

政府投资主管部门在确定项目投资计划时，要经过科学、公正的论证，项目建设的概（估）算是国家对选定近期投资建设项目和批准进行深化设计的重要依据，其准确性直接影响项目的决策。目前委托第三方专业咨询机构进行咨询正被主管部门所采纳，专业机构根据项目情况合理组织专家对项目进行造价的评估审查，所出具的报告全面、科学，为主管部门进行项目决策提供依据，以此确定是否立项和正式列入年度基本建设计划。

（三）初设概算是建设单位进行投资控制的依据

经批准的设计概（估）算是建设单位在随后阶段优化工程设计，对建设项目进行科学管理和监督的依据。经过批准的可研阶段投资估算是优化设计方案，编制设计概算的依据，投资估算一经批准，将作为初设概算静态总投资的最高限额，不得任意突破。经批准的初设概算又是编制施工预算的基础，且施工预算不能超过初设概算[1]。

二、设计概（估）算费用项目组成框架

为保证设计概（估）算不漏大项，不漏或少漏小项，首先应明确小型水利工程设计概（估）算费用项目的组成框架。经归纳总结，设计概（估）算费用一般组成如下（图7–1）。

1　余尚合．浅谈小型水利工程的设计概（估）算审查 [A]. 中国水利学会、辽宁省水利学会．水与水技术（第 3 辑）[C]. 辽宁省水利学会，2013:5.

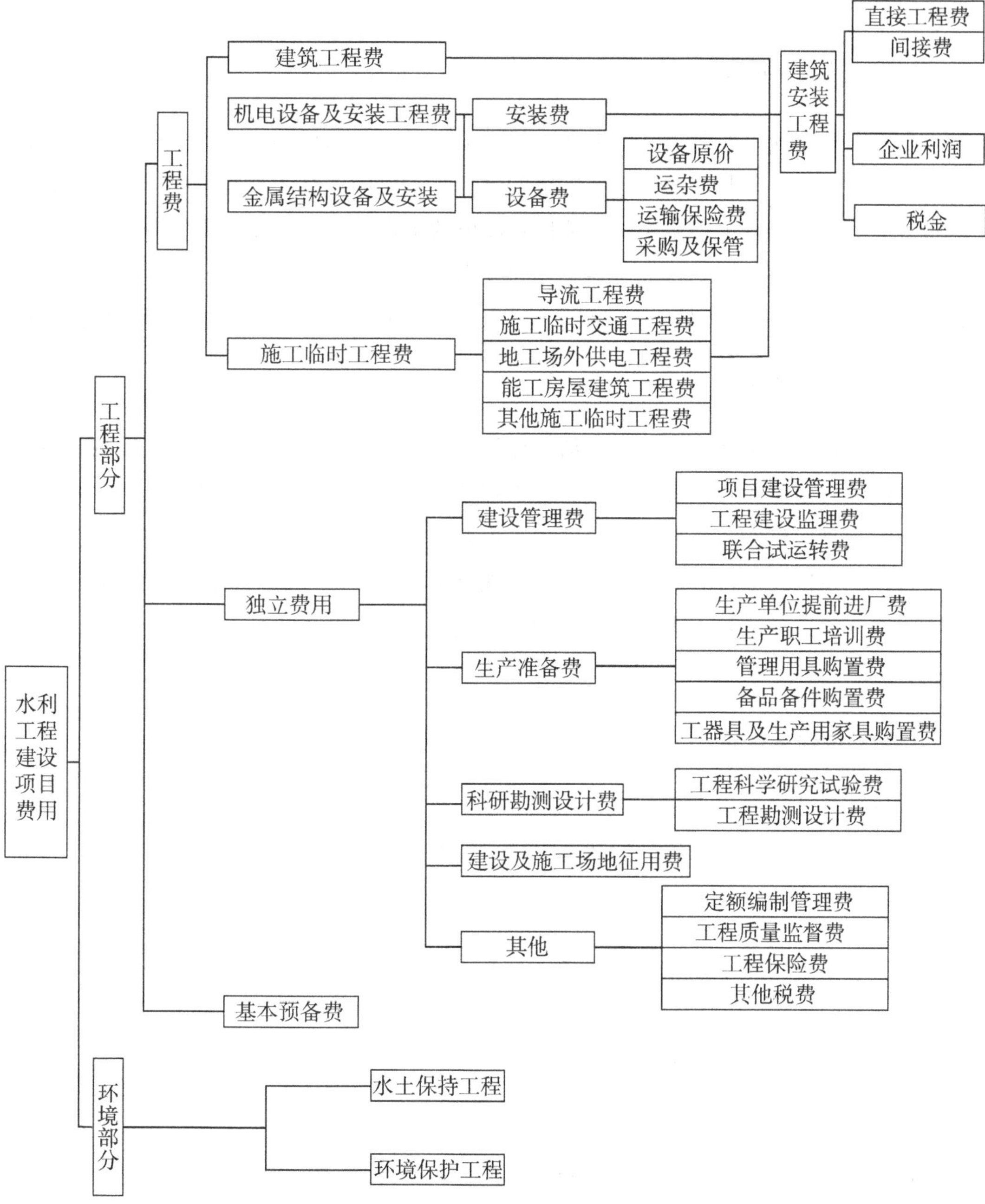

图 7-1 水利工程建设项目费用构成

三、设计概（估）算的审查方法

由于工程的规模大小、设计单位技术力量的不同，所编工程概（估）算的繁简和质量水平也就有所不同。因此，对这部分的审查应采用多种多样的审核方法，视情况灵活运用。例如，全面审核法、重点审核法、经验审核法等，以便多快好省地完成审核任务。

（一）全面审核法

全面审核法就是按照设计图纸和工艺要求，对工程细目逐一进行审核的方法，其计算方法和审核过程与编制概（估）算的过程基本相同，其优点是全面、细致，但工作量太大。对于一些工程量小、工艺比较简单的工程，可能不能受到建设单位和设计单位的重视，而使编制工程概（估）算的技术力量较弱，并且可能缺少必要的资料，这种情况下编制出的概（估）算差错率较大，应尽量采用全面审核法，逐一地进行审核。

（二）重点审核法

重点审核法就是抓住工程概（估）算的重点进行审核。选择工程量较大或单项造价较高的项目重点审查，如混凝土结构工程量、机电、金属结构设备等。并对补充定额或定额缺项由编制人员补充单价的项目也要重点审核。这种审核方法应用时，应灵活掌握审核范围，如没有发现问题，或发现差错较小，可考虑适当缩小审核范围，可大大提高工作效率。对于设计单位技术力量较强，编制的概（估）算比较规范的项目适用。

（三）经验审核法

经验审核法就是根据以往审核类似项目，总结的基础数据、经济指标和经验，对容易出错的项目重点审核，从而快速分析错误的原因。这种方法效率较高，但应视情况灵活运用。

四、设计概（估）算的审查内容

（一）对编制说明的审查

对于可研估算、初设概算的编制说明的审查应采取逐项全面审查的方法。应主要审查以下 6 个方面的内容：①各种编制依据是否符合国家和水利部的编制规定。②选用的定额是否符合规定的适用范围。③取费规定是否符合现行规定。④编制内容的范围是否完整。⑤人工、主要材料等基础单价的计算依据、主要设备价格的编制依据是否符合市场现状。⑥各项技术参数及经济指标是否符合已批准的建设标准和建设规模。

（二）对单项工程综合概（估）算的审查

单项工程综合概（估）算分为建筑工程、机电设备及安装工程、金属结构设备及安装工程、施工临时工程四部分。

对建筑单项工程概（估）算的大部分审查内容和机电、金属结构设备及安装工程的安装费用，应采用对比分析的审查方法，从中找出概（估）算中存在的主要问题和偏差。对比分析的主要内容为：工程量与设计图纸的对比；内容与编制方法、规定的对比；各项取费与现行规定标准的对比；技术经济指标与同类工程的对比等。在审查时应重点审查以下四个方面的内容。

1. 对费用项目的审查

应根据设计图纸，按照工程类别和性质，重点审核费用项目有无遗漏、重复，项目内容是否完整。特别是定额中未包含的项目要进行重点复核，并应计取各项费用。

2. 对工程量的审查

应根据设计图纸、概算定额或概算指标及工程量计算规则等逐一进行审查，看各个项目的工程量有无多算、少算、重算、漏算。对于暂定项目或补充项目的工程量应进行重点审查。由业主提供但依据不足的内容，应找业主单位相关人员进行查询核实，并要求其提供更加详尽的计算依据和资料；对设计单位自行估算的部分内容，应要求设计人员提供合理的解释；图纸上未能完全反映工程现状时，造价人员应到现场进行踏勘，以获取尽可能多、尽可能翔实的依据，保证工程量尽可能准确。

3. 对综合单价的审查

主要审查各项目套用的定额是否合适、正确，有关人工、材料、机械台班单价是否符合现行规定和市场现状。对于价格信息中没有的材料单价，应通过实地调查或查询予以补充和核实，使各单价价格尽可能贴近市场价格，贴近实际水平。

4. 对取费标准的审查

在审查工程项目费用取费费率时，应严格按照现行规定，区分项目类别属于枢纽工程还是引水及河道工程，按照各自规定的其他直接费、现场经费、利润、税金等费率进行取费。

对机电、金属结构设备费概（估）算的审查应采用查询核实的审查方法。将重点放在设备、设施价格上，通过与设计人员沟通确定设备具体型号，经多方面查询核对，逐项落实的方法进行。

（三）对独立费用的审查

水利工程独立费用是指按照基本建设工程投资统计包括范围的规定，应在投资中支付并列入建设项目概（估）算或单项工程综合概（估）算内，与工程直接有关而又难以直接摊入某个单位工程的其他工程和费用，独立费用是由建设管理费、生产准备费、科研勘测设计费、建设及施工场地征用费及其他五项组成。对工程建设独立费用的审查主要是查漏补遗、调查取证、查询核实。

1. 对建设管理费的审查

建设单位管理费指建设单位在工程项目筹建和建设期间进行管理工作所需的各项费用。包括项目建设管理费、工程建设监理费和联合试运转费三项。对于项目建设管理费主要核实建设单位开办费、建设单位人员经常费和工程管理经常费的取费。一般来说，对于新建大型水利工程，需要新组建项目法人，并为开展工作必须购置办公及生活设施、交通工具等才发生开办费用，对于改建、扩建项目，由于已经存在现有的建设管理单位，不再筹建项目法人，建设单位开办费原则上不应计取，但考虑工程实际情况，可酌情给予计取。建设单位人员经常费应根据实际投入管理人员数量按现行规定计取。

工程管理经常费是指从工程筹建到工程竣工期间发生的各种会议费、技术咨询费、招标代理费、工程验收费、设计审查费等各种管理费用，随着建筑市场的发展，目前水利工程在审批前都要委托具有相应资质的工程咨询机构对工程筹建期的各个阶段成果进行技术和造价咨询，发生的各种会议费、咨询费要在审查中考虑到，不要漏项；建设四制的推行，使以前的单纯施工、监理和货物采购招标逐步向设计招标，甚至项目法人招标过渡，审查中要按照现行国家和水利部颁布的各项规定，充分考虑各个阶段的招标代理费用。对于泵站项目在竣工验收前，要进行整套设备带负荷联合试运转，其间要发生各项费用，按水利部现行规定计取。在审查中，各项费用要按照相应的取费标准或已经发生的咨询合同及相关票据进行核实，并注意项目是否有遗漏。

2. 生产准备费的审查

生产准备费是指管理单位为准备正常的生产运行或管理发生的费用。包括提前进场费、生产职工培训费、管理用具购置费、备品备件购置费、工器具及生产家具购置费五项。对于新建水利工程应按水利部规定的取费标准计取提前进场费和生产职工培训费，而改扩建项目由于不存在这些问题，原则上不计这两项费用。管理用具购置费、备品备件购置费、工器具及生产家具购置费应按照取费规定逐项核实。在以往的项目审查中，往往发现一些改扩建项目的设计概（估）算中计取了提前进场费和职工培训费，审查中应予核减。对于泵站设备型号相同的备品备件购置费的取费基数也只应该是一套的设备费，而不是所有的设备费，在审查中也要注意。

3. 科研勘测设计费的审查

科研勘测设计费是指为工程建设所需的科研、勘测和设计等费用，包括工程科学研究试验费和工程勘测设计费。为解决工程建设中的技术问题，而进行必要的科学研究实验发生的费用称为工程科学研究试验费，对于新建的运用新技术、新工艺的项目，由于没有此类工程的施工经验，需要进行科学实验，应按规定计取该费用，但对于常规项目，审查中应注意此项费用一般不预计取。工程勘测设计费应按照国家计委、建设部计价格〔2002〕10号文《工程勘察设计收费管理规定》，并结合市场实际情况计取。

4. 建设及施工场地征用费的审查

建设及施工场地征用费是指建设及施工场地范围内的永久工程征地、临时工程征地和发生的征地补偿费用及应缴纳的耕地占用税等。新建的水利工程如发生该项费用，计算标准参照《移民和环境部分概算编制规定》执行。该项费用比较难以审查，因“弹性”

很大，要保证概（估）算相对准确，造价人员应进行现场考察，并结合类似工程经验计取。

5. 其他费用的审查

其他费用主要包括定额编制管理费、工程质量监督费、工程保险费、工程资料整编费等。这类费用在审查中，应按规定的取费标准逐项审核。对于一些建设单位提供的估算类项目，由于缺乏计算依据，且一般数额较大，也是审查的重点，造价人员应及时与业主方和设计方沟通，并到现场查勘估算该项费用。

由于工程项目的概（估）算还处于设计阶段，所以该阶段的造价审查对“弹性”较大的项目，应遵循对项目费用的审查宜松不宜紧的原则，即对费用应留有一定的余地，但对取费依据的审核应遵循宜紧不宜松的审查原则。审查效果的好坏，对项目后续的造价控制将产生重要的影响。

五、对工程预备费的审查

工程预备费主要是为了解决在工程施工过程中，经上级批准的设计变更和国家政策性变动增加的投资及为解决意外事故而采取的措施所增加的工程项目和费用。按当前水利部的取费标准可行性研究阶段投资估算取 10%~12%；初步设计阶段概算取 5%~8%。

对设计概（估）算的审查是水行政主管部门和建设单位在设计阶段进行项目决策和投资控制的重要措施，审查质量的好坏将在很大程度上影响整个项目投资控制效果。造价人员要充分认识到审查工作的重要性，提高重视程度，加强技术力量，积累审查经验，探索审查方法，力争使审查工作做到科学、严谨、合理、有序，为主管部门提供科学、公正、全面的决策依据。

第二节 水利工程招标控制价管理现状及其审查方法

自 2000 年《中华人民共和国招标投标法》实施以来，我国水利工程基本上都是采用招标方式进行工程项目的建设实施。开始采用“标底”控制招标报价，近年来过渡到采用“控制价”来控制招标报价，它在工程招标中起到了关键性作用。我国水利系统的招标控制价通常是由业主进行审查，省级水行政主管部门没有具体规定。目前招投标活动都设在市县一级平台，对控制价的编制要求不高，给业主审查控制价带来了一定的困难，本文就业主如何审查控制价提出看法。

一、安徽省水利工程招标控制价编审现状

过去安徽省水利工程建设的招投标活动，基本上是在“安徽省水利工程招标服务

中心”这个平台上进行，在省水利厅的领导下，平台设有规范完整的管理办法，也体现出水利工程招标管理的特点，对招标文件、控制价的编制都有具体的要求，平台运行良好，为安徽省水利工程建设做出很大贡献。由于国家体制改革的深入，国家要求工程招投标管理权限下放，近 2 年水利工程招投标均在市、县一级平台进行，市县平台过去主要是服务于工民建和市政工程招标项目，大多是采用最低价中标。目前看来，这些平台的管理对水利工程的特点不太了解，一些管理办法完全不适合水利工程特点的招投标，各地区对控制价的编制要求不一。另外，这个平台上的招标代理机构众多，大部分代理机构不是水利行业出身，对水利工程施工的难点不了解、对水利行业的造价管理规定也不熟悉，编制的招标控制价参差不齐。目前安徽省各级水行政主管部门也没有出台相应的水利工程招投标控制价编制、审查的具体规定。这些都给业主审查控制价带来了一定的困难[1]。

二、控制价的作用和审查目的

控制价的主要作用是：①控制工程造价，控制价是招标人对招标项目所能接受的最高价格，超过该价格的，招标人不予接受。②减少投标人围标，防止投标人哄抬标价，给招标人造成损失。③规范报价环境，避开不平衡报价，使报价更合理。④防止低价诱标或低价中标，以免工程实施过程中难以管理，造成工程质量受损。有了控制价，就等于有了一个参考标准。

控制价审查的目的是核查编制的控制价是否达到合理确定价格和有效控制工程造价，是否合理地采用了有关规定和达到了政策方面的要求等，并最终确定控制价的额度。

三、控制价审查的原则

根据国家及安徽省颁发的有关法律、法规和水利行业的规章等，遵循客观、公正的原则，兼顾国家、招标人和投标人的利益。不受有关单位和个人的影响，不应突破批复的概算、保证审查质量。

四、控制价审查的依据

对单位和个人进行审查的依据如下：①水利部或安徽省现行水利工程预算定额、费用定额及其配套文件等工程造价计价依据。②国家及安徽省相关行业的有关规范、标准等。③工程招标文件及招标答疑补遗资料、工程设计招标图或施工图、施工组织设计和施工方案。

1　武杰．水利工程招标控制价的审查方法 [J]. 安徽水利水电职业技术学院学报，2016，16(3):58~59+65.

五、控制价审查的重点和方法

按制价审查的重点及方法如下：①了解情况。了解工程项目的实际情况和概算批复情况以及资金来源等，确定控制价编制使用的规定是否准确。了解设计图纸，检查控制价工程量是否与招标文件一致，是否超过或小于设计概算工程量的情况。②检查施工方案。检查采用的施工方案是否符合本工程实际情况，并切实可行。③检查指标合理性。检查各种基础价格的取值是否合理，是否符合有关规定。定额套用是否合理，单价取费是否合适，有无漏项、重复等。单价指标是否合适，是否符合本工程实际情况。控制价能否客观反映社会平均先进工效和管理水平。

为做好水利工程招标控制价的审查，业主组织招标控制价的审查时，应检查控制价的编制单位和编制人的相关资格，是否满足国家有关规定和合同要求。控制价的审查也可以委托具有相应工程造价资质的设计单位、中介机构进行。审查控制价时，应有水利工程造价、工程设计人员及施工组织设计人员参加。在审查过程中发现工程量清单不清楚或不完善的内容，要及时与编制人沟通说明，并妥善处理，以保证工程量清单和招标控制价的完整性和准确性。业主（或审查单位）审查核定后应出具书面报告或核定表，有关人员签名后，并加盖单位公章。

第三节 水利工程造价预算审查质量提升方式分析

一、水利工程造价预算审查中比较常见的问题

我国水利工程造价预算审查中，比较突出的问题主要集中于审查制度和审查方法这两个方面。就审查制度而言，我国目前对于水利工程预算的审查尚处于初级阶段，审查制度多是借鉴或者直接“照搬”其他国家成熟的审查制度，但是由于经济体制以及社会形态的差异，审查制度在应用过程中与实际相矛盾的地方颇多，甚至在部分水利工程项目中引发了严重的资金管理问题。而就审查方法而言，如果没有科学、合理、有效的审查制度作为基础，审查方法也难以真正得到确定和落实。工程造价预算审查方法是根据审查制度的具体规定和要求，进而制定的具体操作流程和实施规范。但是我国由于水利工程造价预算审查的不健全，而客观导致了审查方法的相对滞后，长期难以得到有效的发展，这是与时代发展要求不相适应的，并且极有可能阻碍我国水利工程造价管理工作的整体提升和进步。

二、水利工程造价预算审查的主要内容

水利工程造价预算审查与建筑工程的预算审查有许多相似之处，其中有很多内容

也都是相互贯通的，因此，研究水利工程造价预算审查的主要内容的时候，我们可以参照建筑工程预算审查来进行分析和谈论。水利工程造价预算审查主要是针对工程预算草案中的全部内容，尤其是部分重点内容展开有序的、系统的、客观的审查与查验，确保工程预算草案的合理性与可行性。目前，我国在水利工程造价预算审查工作中，其重点是围绕套用价、各项费用开支、工程量等方面来进行的，对于每一部分具体内容的审查都有严格的检验标准和审查程序，必须严格执行和遵守。国内水利工程造价预算审查的内容，主要表现为以下三个方面。

（1）套用单价的审查。水利工程造价预算审查工作中对于套用单价的审查，必须严格遵守具有科学性、权威性、法令性的审查标准与规范，套用单价的审查的形式和内容，计算单位和数量标准都不可以任意窜改，更不可以出现随意提高或降低的现象。在水利工程造价预算草案套用单价的审查过程中，对于直接套用定额单价的审查，必须要注意采用的项目名称和内容与设计图纸标准是否要求相一致，另外，水利工程项目审查中是否出现重复套用的现象和问题，如果一旦发现重复套用现象，必须严肃对待，坚决进行处理和改正[1]。

（2）费用的审查。水利工程造价对于预算草案费用的审查工作中，审查机构和人员一定严格控制工程项目中各项费用定额和标准的设定。一般来说，费用定额的确定要严格按照国家水利工程建设主管部门公布的相关数据和定额，最终综合考虑后确定费用定额的数值。水利工作造价费用审查过程中，取费文件的时效性是尤其需要注意的关键问题之一，如果在取费文件方面出现问题，必将导致整个审查工作的失败，有可能引发水利工程项目建设中严重的资金问题。

（3）工程量的审查。水利工程项目造价预算审查中，工程量是水利工程施工量的总和，是对于工程项目建设规模和施工任务的全面总结。工程量的审查过程中，各方面的误差是经常存在的。按照国家相关规定是允许预算草案中工程量计算存在一定的误差，但是误差的数值一定要严格控制在一个合理的范围内。因此，审查人员在对水利工程量进行审查中一定要熟悉工程量的计算规则和相关具体规定内容。

三、提高水利工程造价预算审查质量的方式分析

近年来，我国水利工程项目建设总体呈现出了规模大、资金多、技术要求高、管理难度大的新型特点，这对于水利工程设计方、施工方、建设方、监理方等相关参与单位都提出了管理方面的难题，每一具体问题必须得到妥善的处理与解决，否则难以保证工程项目的顺利完成和竣工验收。预算审查是水利工程造价管理工作的重点内容之一，必须以严格的方式确保审查的质量。目前，在我国水利工程造价预算审查工作中，提高审查质量的方式主要有以下两种，让我们来简要地分析一下。

1 刘女英．提高水利工程造价预算审查质量的方式分析 [J]. 科技资讯，2010(10):42.

（1）全面审查法。水利工程造价预算审查的基础是工程项目施工图纸，审查中图纸确定的项目必须结合现行定额、承包合同，以及相关造价计算的规定和文件等，全面地审查工程数量、定额单价以及费用计算。全面审查法比较适用于刚刚参加工作的工程预算人员，他们比较容易通过施工图纸发展预算草案中存在的问题和弊端，进而提出自己的观点和建议。另外，在部分投资较小的水利工程项目造价预算审查中，全面审查法能够有效提升审查的质量与效果，是审查工作中不易出现漏洞和偏差。

（2）对比审查法。水利工程造价预算审查工作中，如果想全面检验审核质量是否达到相应的标准和要求，就必须要选定一个作为比较的参照物，这种方式就叫作对比审查法。对比审查法一般比较适用于大众型的水利工程造价预算审查中，因为这类工程项目造价审核的内容较多，而且极容易出现误差，而采用对比审核法则在客观上树立了审查的标准，可以有效控制审查工作中较大误差和错误的发生。但是，对比审查法是施工过程中，参照资料和案例的选择是十分重要的，因为如果对比的内容不能够保证真实性和准确性，就必然会导致水利工程造价预算审查工作出现失误。

现代工程造价预算审查作为水利工程建设项目管理的主要内容之一，在水利工程项目的整体管理中占有十分重要的地位和作用。水利工程造价预算审查质量的保证与提高，不但可以对水利工程资金的应用进行更为有效的管控与监管，而且对于我国水利工程建设行业管理理念的创新与科学发展也具有深远的历史意义与时代特征。

第四节　水利工程竣工结算审查及其审查意见编制

根据 2005 年 7 月 26 日新疆维吾尔自治区财政厅、水利厅和建设厅关于印发《财政性资金投资水利水电建设项目工程结算审查管理暂行办法》的通知（新财建〔2005〕172 号），自治区级项目建设单位（包括驻地州市机构）承担的工程，以及国债和中央预算内基建资金投资在 2000 万元以上的工程，由自治区财政厅会同水利厅负责直接审查或复查；地州市级项目建设单位（包括县级）承担的工程由地州市财政局会同水利局负责直接审查或复查。通过参与诸多工程的竣工结算审查工作，现就以新疆塔里木河流域近期综合治理项目某防渗改建工程（以下简称某防渗改建工程）为例，谈谈对水利工程结算审查工作的体会。

2003 年年初，新疆维吾尔自治区发展计划委员会对该防渗改建工程初步设计予以批复，批准概算为 2841 万元，投资在 2000 万元以上，属于由自治区财政厅会同水利厅负责直接审查或复查的项目。

一、审查的方法

一般情况下，竣工结算审查是在造价咨询机构审核的基础上进行的复审，而有部分项目是在建设单位、监理单位、施工单位三方签章送审结算的基础上进行的直接审查。相对而言，因为直审项目没有造价咨询机构审核的环节，在很大程度上承担着造价咨询机构和政府的双重职责，且往往是工程已完工数年，双方在某些方面存在异议，迟迟难以定案的情况下审查的，故审查工作量更大，工作难度更大，该防渗改建工程属于直接审查项目。但不论是直审项目还是复审项目，审查的方法都基本相同，都应该有踏勘工程现场、询问相关人员了解有关情况、查阅合同、结算资料、复核竣工工程量、核对结算单价和工程量签证等环节。

二、审查的依据

在竣工结算审查中，审查的依据主要有竣工结算书、工程量计算书、竣工图纸、合同或补充协议、招投标文件、设计变更、隐蔽工程验收资料、相关签证、会议纪要、前期批文及相关法律法规。审查依据的完整、充分是竣工结算审查工作顺利进行的保证。在竣工结算审查阶段，工程建设已经完工，有的工程已运行多年，工程建设过程中的实际情况只有通过相关的资料再现，尤其是隐蔽工程，要通过相关的测量资料、验收资料来反映施工时的现状。如某防渗改建工程，工程开工日期为2003年10月14日，竣工日期为2005年7月10日。审查时间为2009年8月，这之间的时间跨度已与工程建设时间相差5年之久，如果资料不完整、不翔实，审查工作的难度可想而知[1]。

三、审查的范围

在《财政性资金投资水利水电建设项目工程结算审查管理暂行办法》的通知（新财建〔2005〕172号）中第二条规定，在新疆境内使用财政性资金（国债资金，各级预算内，预算外资金，其他财政性资金）投资的新建、扩建、除险加固和重建的各类水利水电工程，竣工验收前工程竣工结算必须按本办法规定进行。既然是对竣工结算的审查，则不包含概算投资中独立费用部分，审查的具体范围应为一至四部分建安工作量和设备投资之和。凡是构成建筑安装工程造价的所有内容，都应在审查范围之内，其中包括对通过招投标采购的材料，设备造价，并作为项目建设单位编制工程竣工财务决算的依据之一。

四、审查的内容

在资料翔实、依据可靠的前提下，竣工结算审查工作集中表现在对工程项目的发生是否合理合法，手续是否完备；工程量是否与竣工图一致，相关的测量、签证资料是否完整，计算是否正确；工程单价的确定是否合理合法，是否有据可依方面。下面

1　王晖．浅谈水利工程竣工结算审查 [J]. 西部探矿工程，2010，22（6）:209~211.

以某防渗改建工程谈谈对工程项目、工程量、工程单价的具体审查。

（一）工程项目的审查

在某防渗改建工程招标工程量清单中，发包方提供了水保环评工程项目，承包商也按提供的项目予以报价，可是在查阅资料后，并未见到相关主管部门对水土保持和环境保护投资的批复，也未见到水土保持实施方案。据相关人员解释，开工前有较大的土方需要清理，招标时按水保环评项目计列。审查时，因未见到水保环评投资批复，故在竣工结算中清理土方的费用，并不能以水保环评工程项目发生，若真实存在为保护水土流失而发生的费用也应以实际发生的具体项目进入结算。

（二）工程量的审查

塔河近期综合治理项目某防渗改建工程某合同段竣工结算部分内容如表7-1所示。

表7-1 某工程竣工结算工程量送审表

编号	项目名称	单位	送审工程量
	合同内		
一	建筑工程	元	
（一）	渠道工程		
1	挖方	m^3	74174.21
2	填方	m^3	2160
3	借方	m^3	2160
4	利用方	m^3	12564.45
5	推平弃土方	m^3	29474.99
	……		
	合同外		
3	土方外运（2km）	m^3	36294.32

由招标提供的清单和承包商投标文件可知，承包商的填方和利用方单价只计取了填筑的碾压费用，借方单价计取的是开挖和运输的费用，并不包含填筑时碾压的费用。在该工程中，正常单价情况下的土方平衡关系“填方 = 利用方 + 外借方”并不成立，而应为：填方工程量 = 借方工程量。从送审工程量分析，填方 2160m^3，借方 2160m^3，符合条件。尽管工程量之间逻辑关系合理，但是根据测量资料计算，数据存在偏差。

再从土方的整体施工工序来分析，渠道工程挖方中，有一部分可以满足渠道填方的标准，这部分土则可以直接利用于渠道填方，有一部分土开挖后做推平处理，还有一部分土需要拉运到 2km 处作为弃土处理。根据总体土方的平衡可得：挖方 = 利用方 + 推平弃土方 + 土方外运（2km）。从送审工程量分析可知，利用方 12564.45m^3+ 推平弃土方 29474.99m^3+ 土方外运（2km）36294.32m^3=78333.76m^3> 挖方 74174.21m^3。78333.76–74174.21=4160（m^3），故此土方工程量存在偏差。

竣工结算审查时，根据施工中原始测量记录、签证及土方平衡的总体原则最后确定出土方开挖、填方、利用方、借方、外运土方、推平弃土的具体工程量。

在该工程的工程量审查中，由于清单工程项目的特点，投标单价也与平常单价有所不同，故存在干砌石拆除、卵石利用、拉运卵石、卵石砌筑、弃料外运工程量之间特有的逻辑关系，竣工结算审查时，根据该工程的特点，从总体平衡的角度对各项工程量予以确定。

（三）工程单价的审查

塔河近期综合治理项目某防渗改建工程某合同段竣工结算审查部分内容如表 7–2 所示。

表 7–2 某工程竣工结算审查表

编号	项目名称	单位	合同单价（元）	送审单价（元）	审核单价（元）
	合同内				
一	建筑工程	元			
（一）	渠道工程				
1	挖方	m^3	1.96	1.96	1.96
2	填方	m^3	1.79	1.79	1.79
	……				
	合同外				
（一）	渠道工程	m^3			
	……				
3	土方外运（2km）	m^3		9.21	9.21
	………				
（五）	临时工程导流围堰				
1	围堰土方填筑	m^3		24.99	12.96

由表 7–2 可知，渠道工程中土方外运（2km）和临时工程导流围堰中围堰土方填筑项目为合同外新增项目，需要重新确定其单价。根据签证的施工方法，由相应的定额和投标相关资料确定土方外运（2km）单价为 9.21 元 /m^3。根据签证，围堰土方填筑的施工方法在挖、装、外运的工序与渠道挖方和土方外运（2km）相同，填筑工序与渠道填方相同，故确定围堰土方填筑单价为 :1.96 元 /m^3+1.79 元 /m^3+9.21 元 /m^3=12.96 元 /m^3。

在水利工程竣工结算审查中，对工程项目、工程量和工程单价的审查是一项细致、复杂而烦琐的工作，同时由于工程项目、工程量和工程单价之间的相互依存关联，项目与项目之间，工程量与工程量之间，单价与单价之间的内在特定关系，只有搞清楚它们之间的关系，才能够把审查工作做好，起到控制投资的效果。

五、审查意见的编制

竣工结算审查工作的成果是竣工结算审查意见，由参与审查的工作人员编写。通过参与审查工作，认为竣工结算审查意见应包含下列内容。

（一）基本情况

工程概况、初步设计的批复及投资概算情况（其中，建筑安装工程造价应特别明确）、设计变更及批复情况、工程的开竣工日期等。

（二）工程建设管理

（1）工程建设各参与主体。建设单位、项目法人、设计单位、质量监督单位、监理单位。

（2）招投标情况。施工单位、监理单位、设计单位的招标情况，设备、材料的招标情况，其他与招投标有关的重要情况。

（三）资金来源及到位情况

说明资金的来源及性质，资金的到位情况。

（四）合同的执行情况

说明在工程的建设过程中合同的具体执行情况。

（五）竣工结算审核

说明造价审核单位，造价的总体核增核减情况及主要原因。

（六）竣工结算审查

作为竣工结算审查意见，这部分是需要重点说明的部分，应该从影响造价的因素，造价的核增核减对各个标段审查的情况做详细的说明。

（七）审查结论与建议

说明总的审查结论，提出需要完善和改进的建设性意见，以利于建设管理单位总结经验，提高管理水平。

六、审查的相关表格

竣工结算审查成果的最终体现是在于送审结算与审查结算之间的对比，所以应有具体的对比表，让审查成果一目了然，还应有表格来反映工程建设的相关情况和审查结论，并对审查结论予以确认，这就是审查表。下面就是通过审查工作的总结，设计的对比表和审查表（见表 7–3）。

表 7-3 ××× 工程竣工结算审查对比表

单位：元

序号	工程项目名称	合同编号	合同值	送审值	审查值	审查值 - 送审值	施工单位
	……						
	合计						

编号：

<table>
<tr><td>项目名称</td><td colspan="3"></td><td>建设单位</td><td></td></tr>
<tr><td>开工日期</td><td></td><td>竣工日期</td><td></td><td>质量监督单位</td><td></td></tr>
<tr><td>承包方式</td><td colspan="3"></td><td>设计单位</td><td></td></tr>
<tr><td>批准概算</td><td></td><td>其中建筑安装工程投资</td><td></td><td>监理单位</td><td></td></tr>
<tr><td>合同值</td><td colspan="3">万元</td><td rowspan="2">施工单位</td><td></td></tr>
<tr><td>送审值</td><td colspan="3">万元（业主、监理审核值）</td><td></td></tr>
<tr><td>审查值</td><td colspan="2">万元</td><td colspan="2">造假审核单位</td><td></td></tr>
<tr><td colspan="6">审查结论：经对 ××× 工程进行审查，审查本工程结算为 ××× 万元。</td></tr>
<tr><td colspan="6">审查单位（盖章）　　审查单位（盖章）
年　月　日</td></tr>
</table>

审查负责人：（签名）　　审查人：（签名）

水利竣工结算审查是为了加强水利水电建设项目的投资管理，贯彻落实《财政部建设部关于印发〈建设工程价款结算暂行办法〉的通知》（财建〔2004〕369 号）精神，进一步规范水利水电工程结算审查工作制订的。是本着为国家节约投资，把好资金大关，为提高建设管理单位的管理水平，从政府的角度来审查竣工结算，是有利于国家、有利于水利工程基本建设的一件好政策，需要水利造价管理部门在以后的工作中不断加强，也需要工程造价管理人员不断提高自身素质，为国家的水利建设事业贡献自己的智慧。

参考文献

[1] 李京文 . 水利工程管理发展战略 [M]. 北京：方志出版社，2016.

[2] 王海雷，王力，李忠才 . 水利工程管理与施工技术 [M]. 北京：九州出版社，2018.

[3] 黄建文 . 水利水电工程项目管理 [M]. 北京：中国水利水电出版社，2016.

[4] 颜宏亮 . 水利工程施工 [M]. 西安：西安交通大学出版社，2015.

[5] 张基尧 . 水利水电工程项目管理理论与实践 [M]. 北京：中国电力出版社，2008.

[6] 刘长军 . 水利工程项目管理 [M]. 北京：中国环境出版社，2013.

[7] 李栋梁 . 水利施工中模板工程的施工技术探讨 [J]. 智能城市，2019，5(15):173~174.

[8] 王中华 . 水利工程施工爆破技术要点 [J]. 建筑工程技术与设计，2018（32）:169.

[9] 钟汉华，冷涛 . 水利水电工程施工技术 [M]. 北京：中国水利水电出版社，2010.

[10] 钱波 . 水利水电工程施工组织设计 [M]. 北京：中国水利水电出版社，2012.

[11] 钟汉华，薛建荣 . 水利水电工程施工组织与管理 [M]. 北京：中国水利水电出版社，2005.

[12] 戴金水，徐海升等 . 水利工程项目建设管理 [M]. 郑州：黄河水利出版社，2008:112.

[13] 祁丽霞 . 水利工程施工组织与管理实务研究 [M]. 北京：中国水利水电出版社，2014:135.

[14] 赵启光 . 水利工程施工与管理 [M]. 郑州：黄河水利出版社，2011.

[15] 明开宇 . 水利工程设计中节能技术的应用 [J]. 科学技术创新，2020(20):122~123.

[16] 刘虎 . 浅谈水利工程节能设计技术审查注意事项 [J]. 治淮，2007(8):13~15.

[17] 赵红松 . 水利工程施工中环境保护设计探讨 [J]. 河南水利与南水北调，2019，48(11):12~13.

[18] 钱新磊，王志明，王振 . 水利工程建设社会稳定风险评估与实证研究 [J]. 住宅与房地产，2017(5):181.

[19] 余尚合 . 浅谈小型水利工程的设计概（估）算审查 [A]. 中国水利学会、辽宁省水利学会 . 水与水技术（第 3 辑）[C]. 辽宁省水利学会，2013:5.

[20] 武杰 . 水利工程招标控制价的审查方法 [J]. 安徽水利水电职业技术学院学报，2016，16(3):58~59+65.

[21] 刘女英 . 提高水利工程造价预算审查质量的方式分析 [J]. 科技资讯，2010 (10):42.

[22] 王晖 . 浅谈水利工程竣工结算审查 [J]. 西部探矿工程，2010，22(6):209~211.